# DIE SEELE DES UNTERNEHMENS NEU DEFINIEREN

# DIE SEELE DES UNTERNEHMENS NEU DEFINIEREN

SO STÄRKEN SIE DEN KERN IHRES UNTERNEHMENS UND SCHAFFEN EIN STARKES FUNDAMENT FÜR IHR GESCHÄFT

BY

KURT GASSNER

Die Seele Des Unternehmens Neu Definieren
Kurt Gassner


First Edition, 2022


Impressum
My-mindguide – The publishing trademarke of trendguide Capital GmbH, Klenzestr. 42a, 80469 Munich, Germany.

Reg. Nr. HRB Munich 206639, VAT 152 123 159, CEO: Kurt Friedrich Gassner
Web: www.my-mindguide.com, mail: gassner@my-mindguide.com

Paperback ISBN: 978-3-98793-990-7
Hardback ISBN: 978-3-98793-991-4

# INHALTSVERZEICHNIS

# WILLKOMMEN

Sie ist mit Ihrem Geist verbunden, aber sie unterscheidet sich in jeder Hinsicht von Ihnen. Obwohl sie von Ihnen und Ihrer kreativen Berufung erschaffen wurde, besitzt sie ihre eigene Lebensenergie, ihren eigenen Orientierungssinn und ihr eigenes Schicksal. Sie ist ein selbstexistierendes Wesen. Wie alle Seelen hat sie einen angeborenen Drang, sich auszudehnen und sich gemäß ihrer eigentlichen Natur auszudrücken. Wenn Sie diese einzigartige Gelegenheit nutzen, können Sie eine enge Beziehung zur Seele Ihres Unternehmens aufbauen und die ihr innewohnende Souveränität akzeptieren, während Sie sie mit Ihrer eigenen Seele in Einklang bringen. Ihr Geschäft und Ihr persönliches Leben werden infolgedessen aufblühen.

Ihr Unternehmen hat das Potenzial, sich zu dem zu entwickeln, was es schon immer sein sollte. Neben finanziellem Erfolg kann es Ihnen auch in vielerlei anderer Hinsicht helfen. Es bietet Ihnen einen großartigen Rahmen, um als Person zu wachsen und sich weiterzuentwickeln.

Als ein Ort, von dem aus Ihre Liebe am stärksten in die Welt strahlt, kann er transformiert werden. Das ist eine Tatsache, die vielen Geschäftsgründern nicht bewusst ist. Sie betrachten ihr Unternehmen als eine Sache, auf die Strategien und Taktiken angewandt werden müssen, damit es wie ein richtiges Unternehmen funktioniert und beständig Geld einbringt. Sie geben ihre Macht schrittweise an zahlreiche Marketingexperten ab, welche ihnen gerne den „bewährten" Ansatz zum Wachstum ihres Unternehmens empfehlen. Sie kontrollieren ihr Unternehmen, um den Erfolg zu erzielen, den Sie sich wünschen, und stützen sich dabei auf das, was nach Meinung eben jener Experten erforderlich ist.

Oft vergewaltigt man sein Selbst wenn man sich verleugnet und seine eigentliche Berufung dem neuesten Erfolgsmodell des Unternehmen opfert um das benötigte Geld verdienen und sich in die Riege all der glücklichen Testimonials einreihen können.

Es besteht die Tendenz zu glauben, dass ein Unternehmen auf eine bestimmte Art und Weise funktionieren muss, um erfolgreich zu sein, obwohl die dem Unternehmen innewohnende Intelligenz etwas ganz anderes erfordert.

Aber Sie befinden sich in seliger Unwissenheit über diese Tatsache. Wie ist das möglich? In der Geschäftswelt wird dieses Thema nicht diskutiert.

Selbstzweifel stellen ein weiteres Risiko dar und anfängliche Begeisterung wandelt sich leicht in Frustration, wenn die ersten Hürden Ihren (Geschäfts-)Weg ebnen. Haben sich erst einmal Zweifel eingeschlichen, dass es Ihnen vielleicht doch nicht möglich sein wird, ihren Lebensunterhalt mit dem zu verdienen, was Sie wirklich lieben, kann es schwierig sein, wieder auf die Beine zu kommen.

Oder Sie könnten in einer zwar florierenden, jedoch nicht zukunftsfähigen Form Ihres Unternehmens feststecken und nicht mehr wahrnehmen, wie es sich zu einer neueren, authentischeren Version weiterentwickeln könnte.

Glücklicherweise gibt es eine Alternative. Sobald Sie erkennen, dass Ihr Unternehmen eine Erweiterung Ihrer selbst ist, eröffnet sich Ihnen die Möglichkeit, eine emotionale Beziehung zu diesem aufzubauen. Diese Beziehung ermöglicht es Ihnen, die Seele Ihres Unternehmens wahrlich kennenzulernen. Herauszufinden, was sie benötigt, um authentisch zu sein, und wie Sie sie dabei unterstützen können. Lesen Sie weiter, um mehr zu erfahren.

# Corporate soul

My-mindguide.com

# EINFÜHRUNG

Jedes Unternehmen hat eine Seele. Für jedes Unternehmen gibt es ein einzigartiges Wertesystem, das seine Prioritäten und sein Verhalten bestimmt. Was bedeutet es, wenn jemand sagt: „Sie haben viel Seele" oder „Sie sind eine alte Seele"? Die Menschen sind in der Lage, das Wesen einer Person zu erahnen, auch wenn sie dessen Seele nicht sehen oder berühren können. Wenn Ihre Kunden einen bleibenden positiven Eindruck von Ihrer Marke mitnehmen, nachdem sie Ihr Produkt, Ihre Dienstleistung oder Ihr Team in Anspruch genommen haben, dann waren Sie erfolgreich. Selbst wenn es noch niemand ausgesprochen hat, sollten Sie danach streben, Ihren Kunden das Gefühl zu geben, dass Ihr Unternehmen eine immense Seele hat.

Sinnstiftende und zielgerichtete Marken bleiben Kunden in der heutigen Welt am ehesten im Gedächtnis. Marken mit einem ausgeprägten Sinn für das Wesentliche haben mit größerer Wahrscheinlichkeit zufriedene Kunden, glücklichere Mitarbeiter und einen größeren Marktanteil. Schreiben Sie Ihrem Unternehmen nicht nur ein klares Leitbild und einen tieferen Sinn zu, verleihen Sie ihm auch eine eigene Persönlichkeit. Kunden müssen erfahren, welche Ziele Ihr Unternehmen verfolgt, auf welche Weise es Kundenprobleme zu lösen gedenkt und mit welchen Motiven es überhaupt gegründet wurde.

Der Einfluss und die Ergebnisse einer Organisation werden zunehmen, wenn ihr eine klare Mission zugeschrieben wurde und sie darauf bedacht ist, die Gemeinschaften, in denen sie tätig ist, zu optimieren.

Solange Unternehmen ihre Verpflichtungen brechen und Vertrauen missbrauchen, wird man über ihre Nachlässigkeit empört sein.

Trotz allem können wir den Umgang mit Unternehmen nicht meiden, denn die meisten Menschen haben keine andere Wahl, als entweder für ein Unternehmen zu arbeiten oder in eins zu investieren.

Wie können wir im Job unseren Zynismus mit unserem Wunsch nach Sinn und Vertrauen am Arbeitsplatz in Einklang bringen?

Woran können wir erkennen, ob unser Unternehmen die richtige Richtung einschlägt, nicht nur in finanzieller Hinsicht, sondern auch in allen anderen Bereichen?

Gehören Sie zu den Unternehmern mit Herz und Seele? Sie befinden sich in guter Gesellschaft. Es gibt noch Hoffnung. Führungskräfte, Manager, Mitarbeiter und Unternehmer, die auf der Suche nach einem Wegweiser sind, um Problembereiche zu erkennen und auf schädliche Praktiken aufmerksam zu machen, werden ihn in diesem knallharten Leitfaden finden. Auch für diejenigen, denen ihre Arbeit und die Grundsätze, die sie vertreten, am Herzen liegen, gibt es in diesem umfassenden psychologischen Unternehmensbuch eine Menge zu lernen.

Ich bin seit 40 Jahren in der Markenberatung und -werbung tätig. In den letzten Jahren habe ich als Brand Auditor

(Markenberatung und Evaluierung) gearbeitet, um die zentralen Markenwerte von weltweit operierenden Unternehmen zu messen. Dazu habe ich die Welt bereist und alle Stakeholder einer Marke befragt: Arbeitgeber, Kunden, Mitarbeiter. Mir wurde dabei die Bedeutung der Seele eines Unternehmens bewusst und ich erkannte die Relevanz nach den Werten dieser zu leben.

„Körper-Seele-Geist" sind nicht nur bei uns Menschen eine Einheit, sondern auch in der Welt der Unternehmen. Wenn Sie sich also für einen neuen Arbeitsplatz oder ein Unternehmen entscheiden, in dem Sie Ihre wertvolle Lebenszeit verbringen möchten, prüfen Sie zuerst, ob die SEELE des Unternehmens zu Ihnen passt. Lebt das Unternehmen nach dessen Seelenwerten oder stehen diese nur auf einem Stück Hochglanzpapier?

## KAPITEL I

# BEFRAGEN SIE ZUERST IHR UNTERBEWUSSTSEIN - TAUCHEN SIE TIEF EIN UND ERFORSCHEN SIE IHRE INNEREN GEDANKEN

Ihr Unterbewusstsein kann Ihnen Lösungen für alle Probleme bieten, mit denen Sie konfrontiert werden. Jeder hat Zugang zu diesen erstaunlichen und effektiven Ressourcen, aber um ihr volles Potenzial auszuschöpfen, müssen Sie ihr gesamtes Ausmaß und ihren Anwendungsbereich begreifen. Da Ihr Unterbewusstsein jeden Tag Hunderte von Ideen und Glaubenssätzen empfängt, muss es in der Lage sein, zwischen den relevantesten und denen, die nicht von Bedeutung sind, zu unterscheiden. Die Lösungen Ihrer Fragen und Klärungen werden auf verblüffende Weise auftauchen. Wenn es darauf ankommt, können wir uns in dieser Welt auf nichts anderes verlassen als auf unsere eigenen Erfahrungen und das erlernte Wissen, welches wiederum ebenfalls auf den Erfahrungen und Erkenntnissen anderer basiert.

Es gibt Zeiten im Leben, in denen Sie das Gefühl haben, dass alles aus den Fugen gerät und Sie nicht wissen, was Sie tun sollen. Jetzt ist der richtige Moment, um tief in sich zu gehen, denn Sie haben bereits alle Antworten, nach denen Sie suchen.

Der beste Weg, sich wirklich kennenzulernen, ist, alles loszulassen und sich ein paar Minuten lang nur auf sich selbst zu konzentrieren. Diese Vorgehensweise stellt eine der besten Möglichkeiten dar, sich auf spiritueller Ebene zu ergründen.

Fragen Sie sich „Was bringt mir das / Was wird mir das bringen?", wenn Sie darüber nachsinnen, was Sie im Leben wollen. Wenn Sie sich diese Frage immer wieder stellen, werden Sie schließlich Ihren tiefsten Wunsch ergründen: Das Gefühl, nach dem Sie sich sehnen.

Häufig entdecken Menschen, dass das, was sie in einer neuen Beziehung suchen, ein inneres Gefühl der Verbundenheit oder der Aufregung ist, von dem sie glauben, dass sie es im Hier und Jetzt nicht bekommen können.

Wir alle sind auf der Suche nach neuen Erfahrungen, und wir neigen dazu zu glauben, dass wir sie in den alltäglichen Dingen um uns herum finden sollten. Menschen, Gegenstände und Substanzen ... Es stimmt, dass wenn wir finden, wonach wir suchen, es ein wunderbares Gefühl der Erfüllung ist. Wenn die Flitterwochen vorbei sind und die Urlaubsstimmung abgeklungen ist, neigen wir jedoch dazu, uns erneut nach diesen Zuständen zu sehnen (und das häufig auf suchtartige Weise).

Eine intensive Begegnung mit ihrem verborgenen Selbst, ihrem Unterbewusstsein können sie auch in der Meditation oder Hypnose erleben.

Während der Meditation beginnt unser Körper, alles, was wir in unserem Unterbewusstsein oder Unbewussten erleben, so zu reproduzieren, als wäre es real.

In der Selbsthypnose oder der geführten Hypnose erleben viele Menschen großartige Zustände der Befreiung, Freude und Einheit, die sie zuvor nur erahnen konnten. Wenn Sie auf eine „Reise durch den inneren Geist" gehen, entdecken Sie, dass Ihnen dieser folgt, wohin Sie auch gehen. Eine persönliche Beziehung zu Ihren Gedanken und Ihrer inneren Welt hilft Ihnen dabei, Ihren Geist in etwas Bedeutungsvolles zu verwandeln, etwas, das Sie nicht mehr loslässt und Ihre Perspektive auf das, was möglich ist, verändert. Durch aktive Teilnahme können Sie beginnen, eine Beziehung zu Ihrem wahren Selbst zu entwickeln, die es Ihnen ermöglicht, über den Bereich des rein Körperlichen hinauszugehen.

Die meisten Menschen benutzen ihr Unterbewusstsein, um ihre Schwierigkeiten und Hindernisse zu lösen. Einige andere jedoch sehen oft nur zwei Möglichkeiten: Entweder geben Sie den Versuch auf, eine Lösung zu finden, oder Sie bitten diejenigen um Rat, die weniger Wissen und Erfahrung haben als sie selbst. Jemand, der in Armut lebt, würde Ihnen niemals Ratschläge geben, wie Sie Millionär werden können, und trotzdem hören wir auf die Ratschläge derjenigen, denen das fehlt, was wir suchen. Wenn Sie Ihr Unterbewusstsein akzeptieren und daran glauben, wird es Ihnen unweigerlich die Lösungen liefern. Um eine Antwort zu finden, müssen Sie geduldig sein und erkennen, dass Ihr Unterbewusstsein das Problem lösen kann. Mit den folgenden Informationen wird es Ihnen leichter fallen, Antworten auf all Ihre Fragen zu erhalten.

## WIE SIE IHREM UNTERBEWUSSTSEIN FRAGEN STELLEN KÖNNEN

Bringen Sie Ihre Gedanken zu Papier. Jeden Tag wird Ihr Gehirn mit mehr als 80.000 neuen Ideen, Gefühlen und Wünschen bombardiert. Ihr Unterbewusstsein hat möglicherweise Schwierigkeiten, all diese Daten zu sortieren, um herauszufinden, was für Sie am wichtigsten ist. Wenn Sie immer wieder mit den gleichen Gedanken überschüttet werden, beginnen diese, Ihre Realität zu formen. Es ist essenziell, dass Sie Ihre gesamte Aufmerksamkeit auf die Dinge richten, die Sie von ganzem Herzen ersehnen. Tun Sie das nicht, erscheinen sie Ihnen als unerwünschte Hindernisse. Wenn Sie nach einer Antwort auf ein Problem oder eine Frage suchen, ist Ihr Unterbewusstsein die verlässlichste Anlaufstelle. Vermeiden Sie es, überstürzt nach Antworten zu suchen, und nehmen Sie sich stattdessen Zeit, um in die jeweiligen Fragen hineinzuspüren.

Sie brauchen Zeit, um die Milliarden von Erinnerungen zu durchforsten, die in Ihrem Unterbewusstsein gespeichert sind. Dank dieser Fähigkeit kann das Unterbewusstsein auf unendliches Wissen und Weisheit zurückgreifen und Ihnen Zugang zu Informationen gewähren, die auf anderem Wege nicht erschließbar wären. Wiederholen Sie den Vorgang, wenn Sie innerhalb von 12 Stunden keine Antwort erhalten haben. Wenn Sie dieselbe Frage immer und immer wieder stellen, weiß Ihr Unterbewusstsein, dass eine Antwort für Sie von großer Bedeutung ist. Denken Sie daran, dass Ihr Unterbewusstsein jedes Jahr Millionen von Anfragen erhält und von der Menge überwältigt werden kann. Konzentrieren Sie sich jeweils auf ein einziges Thema, um die Komplexität Ihrer Anfrage zu reduzieren.

Präsentieren Sie das Problem, bevor Sie schlafen gehen. Für Ihr Unterbewusstsein gibt es so etwas wie einen „Schlafzyklus" nicht, und diese Tatsache können Sie sich zunutze machen.

Bringen Sie Ihre Anfrage zu Papier, bevor Sie abends zu Bett gehen. Übergeben Sie die Frage Ihrem Unterbewusstsein, sobald Sie sie formuliert haben. Wenn Sie schlafen gehen, macht sich Ihr Unterbewusstsein an die Arbeit, um Ihre Anliegen zu bearbeiten. Es hat Zugriff auf Ihr gesamtes gespeichertes Wissen, das aus Milliarden, wenn nicht sogar aus Billionen von Daten bestehen kann. Wenn Sie mit einer schwierigen Situation konfrontiert sind, haben Sie die Macht, es zu fragen und eine Lösung zu finden. Der Glaube daran, dass Ihr Unterbewusstsein die Antworten auf Ihre Fragen bereithält, ist unerlässlich, um Ihr volles Potenzial auszuschöpfen.

Um auf die Weisheit Ihres Unterbewusstseins zugreifen zu können, müssen Sie Ihre Anfrage klar und deutlich formulieren. Wenn Sie eine zu weit gefasste Frage stellen, werden Sie unklare Antworten erhalten. Seien Sie daher mit Ihrer Fragestellung spezifisch, und Ihr Unterbewusstsein wird Ihnen helfen, die Antwort zu finden. Um Ihre Erfolgschancen zu erhöhen und sicherzustellen, dass Ihr Unterbewusstsein genau versteht, worum Sie bitten, sollten Sie Ihre Frage so genau wie möglich formulieren. Beschreiben Sie Ihr Problem ausführlich und dringen Sie dabei tief in die Ursachen des Konflikts ein. Die Lösung liegt im Detail, und Ihr Unterbewusstsein wird Ihren Wunsch zur Kenntnis nehmen und mit dem Brainstorming beginnen.

Das Unterbewusstsein um Vorschläge zum Geldverdienen zu bitten, ist ein Beispiel für eine vage Anfrage. Eine einfache Bitte um Geld führt zu nichts, wenn sie nicht mit einer detaillierten Erklärung verbunden ist, warum dieses Geld für Sie von so großer Bedeutung ist. Um Ihre Frage zu bearbeiten, wird Ihr Unterbewusstsein beginnen, Ideen und Gedanken zu sammeln.

Nehmen Sie sich etwas Zeit, um über die Dinge nachzudenken. Wenn Sie Ihre Frage gestellt und Ihrem Unterbewusstsein einen vollständigen Überblick gegeben haben, ist es an der Zeit, Ihr Unterbewusstes zu öffnen und es das Problem lösen zu lassen.

Meditation, beruhigende Musik oder binaurale Beats können Ihnen helfen, sich für jeweils 10 Minuten zu entspannen. Das Ziel ist es, Theta-Gehirnwellen zu erzeugen, die es Ihrem Unterbewusstsein ermöglichen, sich den aufkommenden Ideen zu öffnen. Um ein Problem zu lösen, müssen Sie zunächst Ihren analytischen Verstand (Ihren bewussten Verstand) zum Schweigen bringen.

Dieser kann das Problem nicht lösen, da er die Antwort nicht kennt. Der analytische Teil Ihres Gehirns sollte abgestellt werden, sodass er nicht mehr aktiv mitwirkt, wenn Sie in den Theta-Gehirnzustand eintreten. Dann wird Ihr Gehirn in Trance versetzt und Ihr Unterbewusstsein übernimmt die Führung.

Nutzen Sie Danksagung und Dankbarkeit, um Ihre Laune zu verbessern. Erlauben Sie sich einen Moment des Dankes, bevor Sie zu Bett gehen. Je mehr Sie sich in Dankbarkeit üben, desto positiver werden Ihre Gedanken und Ihre Sichtweisen. Dankbarkeit ist ansteckend und bringt zusätzlich positive Stimmung und Wertschätzung mit sich. Sie erlauben Ihrem Unterbewusstsein, sich für neue Möglichkeiten zu öffnen. Für welche Aspekte in Ihrem Leben sind Sie dankbar? Wie viele dieser Elemente können Sie benennen? Dann loben Sie Ihr Unterbewusstsein dafür, dass es die Antwort auf Ihre Fragen gefunden hat, indem Sie Ihre Dankbarkeit zum Ausdruck bringen. Dadurch wird es wahrscheinlicher, dass Ihr Unterbewusstsein aufnimmt, was Sie sagen, und schneller eine Antwort liefert. Wir alle – das eigene Unterbewusstsein eingeschlossen – freuen uns, wenn wir Komplimente erhalten.

Verwenden Sie Kopfhörer, um während der Nacht positive Affirmationen anzuhören. Das Unterbewusstsein schläft nie. Daher ist dies die beste Zeit, um mit Affirmationen oder Hypnose an Ihrem Unterbewusstsein zu arbeiten. Wenn Sie über eine Frage für Ihr Unterbewusstsein nachdenken, verwenden Sie Affirmationen, die diese Frage im Geiste widerspiegeln. Es gibt noch viele weitere Möglichkeiten, Ihren Vermögenswert zu steigern, z. B. das Anhören von positiven Aussagen über Geld. Um Ihren Gemütszustand zu beeinflussen, können Sie Affirmationen verwenden. Eine Affirmation kann Ihnen bei einer ganzen Reihe von Problemen helfen. Sollte dies nicht gelingen, können Sie eine Aussage oder eine Kombination von Aussagen aufzeichnen, die es Ihnen ermöglichen, die gewünschten Reaktionen zu erhalten. Verwenden Sie diese dann als Grundlage für Ihre eigene Affirmation.

## WIE SIE IHR UNTERBEWUSSTSEIN ANZAPFEN KÖNNEN

Neben Meditation und Gebet gibt es noch viele weitere Möglichkeiten, auf Ihr höheres Selbst zuzugreifen und an die Basis Ihrer Seele zu gelangen. Wir alle haben Zugang zu einer großen Sammlung an Weisheit, Informationen und Intellekt, die sich in unserem Unterbewusstsein befinden. Das Schicksal eines Menschen kann durch die Kontrolle der Fähigkeiten des Unterbewusstseins verändert werden. Vieles zu besitzen kann einfach sein, egal, ob es sich dabei um Geld, Besitztümer, Erfolg in Ihrer Karriere oder in persönlichen Beziehungen, gute Gesundheit oder allgemeines Wohlbefinden handelt.

Die Fähigkeit des Seelenreisens zu trainieren kann besonders lohnend sein. Sich selbst auf einer tieferen Ebene durch die Praxis des „Seelenwanderns" kennenzulernen, wird immer beliebter. Diese Methode ist die beste Technik, um tief in Ihr Inneres vorzudringen. Sie wird von zahlreichen spirituellen Führern und Experten angewandt. Als Mittel zur Befreiung Ihrer Seele ermöglicht Ihnen das Seelenwandern, sich mit der anderen Welt zu verbinden, die bereits in Ihnen schlummert. So können Sie in allen Bereichen Ihres Lebens mehr Selbstbewusstsein erlangen.

Im Folgenden finden Sie ein paar Maßnahmen, die Sie ergreifen können, um zu Ihrem höheren Selbst zu reisen und tief in Ihre Seele einzutauchen, um ein besseres Verständnis zu erlangen: Suchen Sie sich zunächst einen Ort, an dem Sie ohne Ablenkungen in Ruhe sitzen können. Anschließend begeben Sie sich in einen tiefen Meditationszustand, öffnen Ihren Geist  und entspannen. Lassen Sie nun alle Gedanken und Empfindungen, die Sie im Laufe des Tages erlebt haben, los. Stellen Sie sich vor, dass Sie weit in den Kosmos aufsteigen und einfach zur zentral gelegenen Sonne schweben. Bleiben Sie, solange Sie wollen, und stellen Sie Ihrer Seele all die Fragen, die über Ihr Leben aufkommen. Um Ihren Körper dazu zu bringen, Ihre Finger wieder zu bewegen, müssen Sie ihm mitteilen, was er tun soll.

Außerdem können Sie Ihre Dankbarkeit und Wertschätzung für die Gelegenheit zum Ausdruck bringen, Ihre eigene Seele zu treffen und mit ihr zu sprechen. Bleiben Sie liegen und beginnen Sie, sich langsam zu bewegen, während Sie sich an all das erinnern, was Sie gefühlt und gesehen haben.

Anfangs sollten Sie vorsichtig sein, denn dies ist eine wirklich tiefgreifende Übung und Ihr Geist möchte möglicherweise nicht zurückkehren. Deshalb ist es eine gute Idee, einen Freund in Bereitschaft zu haben, der Ihnen dabei helfen kann, das Bewusstsein Ihres Körpers wiederzuerlangen.

Finden Sie Ihre Leidenschaft. Um ein besseres Gefühl dafür zu bekommen, wer Sie sind, sollte dies der erste Teil Ihrer Reise sein. Es gibt eine Vielzahl an Menschen, die ihr tägliches Leben bestreiten, ohne jemals herauszufinden, was sie wirklich wollen.

Ein glückliches Leben ist für die meisten Menschen eine Wunschziel. Wenn es darum geht, sich selbst zu entdecken, glauben viele, dass Geld der Schlüssel dazu ist. Das mag zwar für einen gewissen Teil der Menschen zutreffen, aber es widerspricht jeder Logik zu behaupten, dass Reichtum jedermann zu Glück verhelfen kann. Daher ist es unerlässlich, herauszufinden, was Ihnen am Herzen liegt, damit Sie tief in sich selbst eintauchen und die Dinge tun können, die Sie ausmachen und die Sie zum Glück führen. Sie sollten versuchen, Ihren Tag auszuwerten, um zu erkennen, wie viele Aktivitäten Sie für sich selbst ausführen, die für Sie wirklich von Belangen sind. Sie werden erstaunt sein, dass die große Mehrheit der Menschen einfach nur ihrem Alltag nachgeht, ohne ein Ziel vor Augen zu haben. Sie müssen beginnen, Tätigkeiten auszuüben, die es Ihnen ermöglichen, Ihre Gedanken besser zu verstehen und Ihr wahres Selbst zu finden.

Wenn Sie meditieren, fließen Ihre kreativen Energien und Ihr Ehrgeiz ist geweckt. Auf diese Weise können Sie Ihre bewussten und unterbewussten Gedanken integrieren und das Potenzial Ihres Unterbewusstseins erschließen. Es hilft Ihnen, im Hier und Jetzt zu verweilen, was für die Verbindung mit Ihrem Unterbewusstsein wesentlich ist. Machen Sie es sich zur Gewohnheit, jeden Tag zu meditieren. Stellen Sie sicher, dass Sie sich an einem Ort befinden, an dem Sie durch nichts gestört werden. Vergewissern Sie sich, dass sich Ihr Körper in einer entspannten Position befindet, bevor Sie fortfahren.

Sie können z. B. ein visuelles Bild, Musik oder ein Mantra verwenden, um sich zu konzentrieren und Ihren Geist zur Ruhe zu bringen. Dies ist eine Fähigkeit, die man erlernen kann, die jedoch Zeit und Mühe erfordert. Lassen Sie ablenkende Gedanken vorsichtig los und bringen Sie Ihren Geist wieder auf den von Ihnen gewählten Fokus zurück, wenn diese abzuschweifen beginnen. Wenn sich Ihr geistiger Zustand verbessert, werden Sie feststellen, dass der Lärm, mit dem Sie umgeben sind, abnimmt. Mit etwas Übung wird das Meditieren immer einfacher. Wenn Sie einen Zustand völliger Entspannung und Stille erreicht haben, konzentrieren Sie Ihre Gedanken auf Ihre Ziele und Träume. Ihr Unterbewusstsein wird von dem beeinflusst, worauf Sie sich in diesem Moment fokussieren. Ab einer bestimmten Frequenz werden Sie beginnen, Dinge mit derselben Frequenz anzuziehen.

Investieren Sie Zeit in das, was Ihnen am Herzen liegt. Wie Sie vielleicht wissen, sind die meisten Menschen aus einer Vielzahl von Gründen nicht in der Lage, ihrer wahren Leidenschaft nachzugehen. Um sich selbst kennenzulernen, müssen Sie etwas tun, das Sie wahrlich leidenschaftlich interessiert. Nur so können Sie sich selbst erkennen und Ihre ganze Aufmerksamkeit auf eine Sache richten. Machen Sie sich noch keine Gedanken darüber, Ihre Karriere aufzugeben, sondern nehmen Sie sich etwas Zeit, um Ihrer Passion zu folgen. Wenn Sie sich für eine Weile vom Rest der Welt abkapseln, können Sie effizienter arbeiten.

Konzentrieren Sie sich immer auf den gegenwärtigen Moment. Sie müssen eine klare Vorstellung davon haben, was Sie im Leben erreichen wollen. Machen Sie sich keine Gedanken darüber, wie Sie es erreichen wollen; Sie brauchen nur eine klare und überzeugende Vision. Dinge zu visualisieren kann Ihnen helfen, sie zu erreichen. Um Ihre Visionen zu verwirklichen, müssen Sie Vertrauen in Ihre eigenen Fähigkeiten haben. Sie müssen wissen, dass es möglich ist. Zweifel und Pessimismus werden Ihnen nicht helfen, Ihre Wünsche, Ziele und Vorstellungen zu erreichen. Manche Menschen verfassen eine Liste ihrer Ziele. In anderen Fällen werden Sammelalben erstellt, in denen Träume und Hoffnungen festgehalten werden. Auf diese Weise können Sie Ziele im Auge behalten und Sie werden das Gefühl erhalten, dass diese in greifbarer Nähe liegen. Affirmationen können Ihnen helfen, sich auf Ihre Bestrebungen zu konzentrieren.

Das Bewusstsein empfängt Botschaften aus dem Unterbewusstsein. Achten Sie auf Ihre Intuition und folgen Sie ihr. Vertrauen Sie darauf, dass Dinge in ihrem eigenen Tempo geschehen, anstatt sich Sorgen über ihre Umsetzung zu machen. Setzen Sie sich keine Frist, befreien Sie sich von zeitlichen Zwängen, indem Sie sich auf den gegenwärtigen Moment konzentrieren. Im Gegensatz zum bewussten Verstand, der ständig neugierig, zweifelnd und ungläubig ist, stellt das Unterbewusstsein keine solchen Nachforschungen an. Deshalb nimmt es alles, was ihm erzählt wird, als Gewissheit entgegen. Versuchen Sie, angenehme, liebevolle, harmonische und positive Gedanken in Ihrem Geist zu kultivieren, damit Ihr Unterbewusstsein diese Gedanken unterstützen kann.

Machen Sie es sich zur Gewohnheit, mit sich selbst nur mittels positiver und konstruktiver Gedanken zu sprechen.

Die Themen, an die Sie denken, gehen Ihnen ständig durch den Kopf. Diese Gedanken werden als Selbstgespräche bezeichnet. Ergreifen Sie Maßnahmen, um zu verhindern, dass Sie Vorstellungen in sich aufnehmen, die Sie nicht wollen oder brauchen. Wenn Sie den Fernseher oder das Radio nicht mehr verwenden, schalten Sie diese aus, anstatt sie im Hintergrund laufen zu lassen. Versuchen Sie, das dröhnende Geplapper der Leute in Ihrer unmittelbaren Umgebung auszublenden. Im Gegensatz dazu ist alles, was Ihre kreative Seite anregt, ein guter Ansatz, um mit Ihrem Ich in Kontakt zu kommen. Das kann alles sein, von der Malerei bis zur Bildhauerei, von der Poesie bis zum Blumenbinden, von der Fotografie bis zum Tanzen.

Verbessern Sie die Qualität Ihres Netzwerks. Es ist nicht ungewöhnlich, dass man sich manchmal überfordert fühlt und nicht in der Lage ist, sich auf etwas zu konzentrieren. Dies ist der richtige Zeitpunkt, um sich an einen Freund oder einen Verwandten zu wenden, den Sie gut kennen. Vielleicht brauchen Sie die Hilfe anderer, um tief in sich selbst zu gehen. Deshalb ist es so wichtig, ein starkes vertrauensvolles Netzwerk zu pflegen. Wenn Sie ein Problem nicht allein lösen können, können Sie es mithilfe Ihrer Kontakte.

Jim Rohn, ein amerikanischer Geschäftsmann, hat einmal passenderweise gesagt: „Sie sind der Durchschnitt der fünf Menschen, mit denen Sie die meiste Zeit verbringen.“ Die Aussage bezieht sich auf die Tendenz des Menschen, sich an die Mitmenschen anzupassen, mit denen er die meiste Zeit verbringt. So eignen wir uns Eigenschaften anderer an, um uns einen Vorteil zu verschaffen. Wenn Sie ein konkretes Ziel oder eine bedeutende Veränderung in Ihrem Leben anstreben, ist es ratsam, sich bewusst mit Menschen zu umgeben, die ähnliche Interessen oder Ziele verfolgen. Wer einen bspw. einen Marathon laufen möchte, umgibt sich idealerweise Fitnessaffinen. Wer ein eigenes Unternehmen gründen oder aufbauen möchte, tauscht sich am besten mit Unternehmern, in verschiedenen Stadien auf diesem Weg aus: Unternehmern, die noch am Anfang bzw. an dem Punkt stehen, an dem man selbst sich befindet und jenen, denen es bereits geglückt ist, das angestrebte Ziel anzustreben. Wer seine engsten Personen bewusst wählt, erhöht die Chance, seine Ziele zu erreichen. Denn man kann sich von ihrer Motivation anstecken lassen, Inspiration schöpfen, praxisnahe und praktikable Tipps erhalten und von dem Gefühl profitieren, dass man nicht der Einzige ist, der Probleme überwinden muss. Man wird zu dem, was einen umgibt: Wählen Sie weise und bewusst!

In der heutigen schnelllebigen Zeit kann es schwierig sein, ein ständiges Gefühl von Selbstvertrauen und Unterstützung zu haben. Deshalb müssen Sie sich mit Menschen umgeben, die Ihnen dabei helfen können, zu entdecken, wer Sie als Mensch sind. Die richtigen Beziehungen zu knüpfen ist entscheidend für Ihren Erfolg, also recherchieren Sie, bevor Sie sich an jemanden binden.

Sie sollten sich ebenfalls unbequemen Fragen stellen und sie wahrheitsgemäß beantworten. Trotz der Schwierigkeit der Übung werden Sie bereits eine bewusste Antwort auf jede der Fragen haben, die Sie stellen. Solange Sie die brutalsten und ehrlichsten Antworten aus Ihrem Unterbewusstsein abrufen können, können Sie sich die Beantwortung durch Ihr Bewusstsein vollständig ersparen. Wie würden Sie vorgehen, um dies zu erreichen? Die einfache Lösung lautet: Meditation. Nun, wo diese beiden Faktoren miteinander verwoben sind, müssen Sie in Bezug auf diese ehrlich mit sich selbst sein. Bereiten Sie eine Liste mit Fragen vor, die Sie sich stellen möchten, und suchen Sie sich dann einen ruhigen Platz, an dem Sie für eine gewisse Zeit meditieren können. Wenn Sie meditieren, erhalten Sie Zugang zu Ihrem Unterbewusstsein und können dieses nutzen, um Fragen an sich selbst zu richten. Je öfter Sie dies praktizieren, desto leichter wird es Ihnen fallen, tief in sich zu gehen und ein besseres Gefühl dafür zu bekommen, wer Sie sind.

Ganz gleich, ob Sie wach sind oder schlafen, Ihr Unterbewusstsein ist ständig am Werk. Bereiten Sie sich auf den Schlaf vor, indem Sie ein paar Minuten vor dem Zu-Bett-Gehen zuvor genanntes durchdenken. Das hilft Ihrem Unterbewusstsein, die Informationen zu verarbeiten, während Sie schlafen. Führen Sie ein Traumtagebuch. Es ist üblich, dass das Unterbewusstsein durch Träume mit Ihnen kommuniziert. Es ist an der Zeit, dass Sie anfangen, über die Dinge nachzudenken, die in Ihrem Leben wirklich wichtig sind. Auf diese Weise finden Sie heraus, was für Sie tatsächlich von Bedeutung ist, und Sie können Ihre Zeit und Energie auf die Themen richten, die Ihnen helfen, als Mensch zu wachsen. Es ist außerdem erforderlich, dass Sie sich darüber im Klaren sind, dass dies nicht an einem Tag geschehen wird. Je öfter Sie diese Praktik wiederholen, desto besser werden Sie. Wenn Sie sich regelmäßig ein paar Momente der Einkehr gönnen, werden Sie viel erreichen.

Corporate soul

## KAPITEL 2

# WIE MAN SICH SEINES INNEREN KOMPASSES BEWUSST WIRD

Entscheidungen zu treffen, die im Einklang mit unseren persönlichen Werten stehen, ist eine der schwierigsten Herausforderungen des Lebens. Die Fülle an Informationen, Optionen und Möglichkeiten, mit denen wir konfrontiert werden, machen uns entscheidungsmüde. Welchen Rat sollten wir beherzigen und welchen sollten wir angesichts der vielen Informationen ignorieren? Wie können wir sicher sein, dass unsere Entscheidungen widerspiegeln, wer wir wirklich sind und was wir schätzen? Unser innerer Kompass führt uns auf den richtigen Weg, aber es liegt an uns, auf unsere Intuition zu hören und nach ihr zu handeln.

In der schnelllebigen Welt von heute ist unser Gehirn ständig mit Aufgaben, Fristen und Terminen beschäftigt. Es gibt ein wachsendes Bedürfnis, innezuhalten, zuzuhören und mit mehr Bedacht vorzugehen, wie das Wiederaufleben der Achtsamkeit beweist. Wir sind Zeugen einer weltweiten Bewegung, die nach Vergnügen, sinnvoller Arbeit und Antworten auf drängende Fragen sucht, die unserem Leben einen tieferen Sinn geben. Es gibt kein einfaches Heilmittel für dieses Problem. Es gibt niemanden, der die Antwort parat hat, wie Ihnen jeder erfahrene Praktiker bestätigen wird. So wertvoll externe Unterstützung auch sein mag, sie ist nur ein Hilfsmittel, das Sie dabei unterstützt, die Probleme, mit denen Sie konfrontiert sind, zu analysieren und tiefer in Ihr eigenes Fachwissen einzudringen, um die Antworten auf Ihre Fragen zu finden.

Diese Unterstützungssysteme können Ihnen dabei helfen, Ihr Wissen durch angeleitetes Nachdenken, Lernen und Gespräche auf neue und innovative Weise zu nutzen. Externe Berater können Sie stets in die Lage versetzen, zu lernen und sich zu verbessern, was für optimierte Entscheidungen sowohl im Beruf als auch im Privatleben unerlässlich ist, ganz gleich, für welche Art von Unterstützung Sie sich entscheiden. Die andere Komponente ist die Selbstarbeit, und sie stellt die wichtigste dar. Sie ist schwierig, da es sich um einen langfristigen Prozess handelt, der viel Zeit, Mühe und Hingabe erfordert. Wenn wir unserer inneren Stimme Aufmerksamkeit schenken, gewinnen wir ein tieferes Verständnis dafür, wer wir sind, welche Bedürfnisse wir haben und von welchen Hinweisen wir uns bei unseren Entscheidungen leiten lassen.

Nehmen Sie sich jeden Tag Zeit, um zu reflektieren. Stellen Sie sich im Laufe des Tages einfache Fragen wie: „Wie fühle ich mich? Gibt es etwas, das mir heute besonders gut gefallen hat? Wie würde ich die Lernerfahrung des Tages für mich beschreiben? Was habe ich entdeckt? Was habe ich durch mein Erlebnis über mich selbst, einen anderen Menschen oder die Welt gelernt?" Selbst wenn es nur ein paar Sätze sind, ist es wichtig, dass Sie Ihre Gedanken schriftlich festhalten. Es spielt keine Rolle, wie viel Zeit Sie mit der Selbstbeobachtung verbringen; das Führen eines Tagebuchs hilft Ihnen, Ihre

Selbsterkenntnis zu festigen, festzuhalten und sich ihr zu stellen.

Seien Sie immer vorsichtig damit, Ratschläge für bare Münze zu nehmen. Wir empfinden häufig den Drang, uns beraten zu lassen. Jeder liebt es, Ratschläge zu erteilen, von Familienmitgliedern und Freunden bis hin zu Kollegen und Ihrem Arbeitgeber. Auch wenn es in der Regel eine gute Idee ist, Fragen zu stellen, kann es leicht passieren, dass man sich in einem Kreislauf des „Sollens, Wünschens und Könnens“ verfängt, anstatt sich die Zeit zu nehmen, Ratschläge zu überdenken. Selbst wenn Empfehlungen gut gemeint sind, können sie unsere Fähigkeit einschränken, selbst zu denken, Risiken einzugehen und auf unsere eigenen Ressourcen zu vertrauen, um Herausforderungen zu überwinden. Den Rat anderer Leute abzulehnen, ist nichts Schlechtes. Die Ratschläge anderer basieren auf ihren eigenen Erlebnissen, denken Sie daran, dass nur Sie selbst sich den besten Rat geben können.

Unser größtes Hindernis ist die Angst. Die Angst, falsch zu liegen, es zu vermasseln, nicht gut genug zu sein oder schlimmer noch, mit dem Spruch „Ich hab es dir ja gesagt“, konfrontiert zu werden, ist einer der Hauptgründe, warum wir an unserer Fähigkeit zweifeln, die richtigen Entscheidungen für uns selbst treffen zu können. Gehen Sie hinaus und stellen Sie die Annahmen in Frage, die Sie daran hindern, einen Schritt nach vorne zu machen, anstatt das Scheitern zu akzeptieren. Wenn Sie sich schon immer einmal als Redner versuchen oder einen Kurs für kreatives Schreiben belegen wollten, dann ist jetzt der richtige Zeitpunkt dafür. Hören Sie auf, Vermutungen anzustellen und stellen Sie sie in Frage. Denken Sie daran, dass es keine Fehler gibt, sondern dass man aus ihnen große Lehren ziehen kann. Erstellen Sie eine Liste mit Ihren Grundprinzipien und halten Sie sich an diese. Das Wichtigste für Sie ist das, woran Sie glauben. Wir sind, wer wir sind, weil wir so sind, wie wir sind, was wir glauben, wie wir handeln und was wir denken. Viele von uns haben ähnliche Werte, doch sie sind für jeden Einzelnen einzigartig und können sich im Laufe der Zeit ändern. Die Fähigkeit, Entscheidungen auf der Grundlage unserer wichtigsten Wünsche und Ziele zu treffen, ist jederzeit von entscheidender Bedeutung, aber besonders kritisch ist sie in Zeiten der Veränderung oder des Übergangs.

Lernen Sie loszulassen. Es kann leicht passieren, dass wir uns in der Vorstellung, wie die Dinge sein sollten, verzetteln. Wir können uns sogar selbst daran hindern, unsere eigenen Wahrheiten zu entdecken. Bedenken Sie, dass die einzige Konstante im Leben der Wandel ist und dass Ihre Erfahrungen, Ihre Erziehung, Ihre Sozialisierung und Ihre kulturellen Überzeugungen Ihre Sichtweise von richtig und falsch beeinflussen. Fast alle „Wahrheiten", die wir heute für selbstverständlich halten, waren einst nur eine Theorie oder wurden zu einem bestimmten Zeitpunkt für falsch gehalten. Wenn es um Innovation, Kreativität und Disruption geht, reicht es nicht aus, über den Tellerrand hinauszuschauen. Dazu müssen wir unsere vorgefassten Meinungen überprüfen, uns von den Ketten des Gewohnten befreien, um eine Haltung der Offenheit und des Optimismus einzunehmen. Seien Sie zuversichtlich, dass die Antworten, die Sie suchen, in Ihnen stecken und nur darauf warten, in den Vordergrund Ihres Bewusstseins gerückt zu werden. Vertrauen Sie auf Ihren inneren Kompass, damit Sie die Weisheit, die Sie bereits besitzen, entdecken und ein Leben mit Sinn führen können. Letztlich ist das alles, was wir im Leben tatsächlich benötigen.

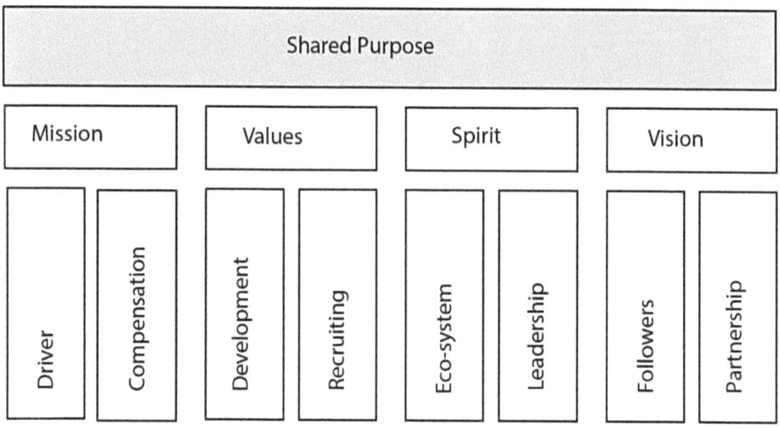


My-mindguide.com

## KAPITEL 3

# HABEN FIRMEN ODER UNTERNEHMEN EINE SEELE - ODER SOLLTEN SIE EINE HABEN?

Produkte und Dienstleistungen von erstklassigen Unternehmen sind hochwertiger. Sie schaffen die besseren Verbrauchererfahrungen. Interessenten entscheiden sich eher für ihre Marke, wenn sie von diesem Unternehmen beeinflusst wurden. Wenn sie mehr für Ihre Produkte oder Dienstleistungen verlangen wollen, können sie das auch. Außerdem erzielen sie höhere Gewinnspannen. Im Vergleich zu ihren Konkurrenten entwickeln sich ihre Aktien positiver am Markt. Was ein erstklassiges Unternehmen ausmacht, ist jedoch nicht nur die hohe Qualität des Produktes oder der Dienstleistung, es ist vielmehr die Arbeitsweise des CEOs und wie er/sie die Mitarbeiter anleitet. Je zielgerichteter ein Team angeleitet wird, desto strukturierter und effizienter erfüllt es seine gesetzten Ziele. Das Ergebnis ist neben den Unternehmenserfolgen oftmals auch eine signifikante Steigerung der Mitarbeiterzufriedenheit am Arbeitsplatz. Denn wer klare und realistische Anleitungen erhält, kann diese leichter erfüllen, erhält dementsprechend ein besseres Feedback von seinem Vorgesetzen und ist zufriedener. Damit ein ganzes Unternehmen zu einer „besseren Organisation“ werden kann, muss es ein höheres Maß an zielgerichteter Tatkraft besitzen.

Ein weiterer Punkt ist das Thema Offenheit. Wer anstelle von Abgrenzungen und Geheimhaltungen offen mit seinen Mitarbeitern kommuniziert, sich ihre Vorschläge aufgeschlossen und gesprächsbereit anhört, der wird eine bessere Arbeitsatmosphäre kreiieren. Mitarbeiter, die sich gehört und wertgeschätzt fühlen, arbeiten produktiver und finden zudem kreativere Lösungsansätze für aufkommende Probleme.

Die Seele einer Firma, auch „Unternehmenskultur“ genannt, wirkt sich letztlich auf alles aus, von der Fähigkeit, Spitzenkräfte anzuwerben und zu halten, bis hin zur Produktivität und Rentabilität, die ein Unternehmen erzielt. Jedes großartige Unternehmen hat ein Herz. Zwei Dinge kennzeichnen dieses: Die grundlegenden Ideale und die zentrale Ausrichtung. Ich bezeichne die Seele eines Unternehmens als seine vollständige Essenz – wofür es steht und warum es existiert. So wie die Seele eines Menschen alles umfasst, was ihn ausmacht, so umfasst auch die Seele eines Unternehmens alles, was es ausmacht. Die meisten Menschen würden Apple als innovatives Unternehmen bezeichnen, wenn man sie bitten würde, dies mit nur wenigen Worten zu tun. Designbewusst. Ikonisch. Manche würden es sogar mit Spionage in Verbindung bringen. Aber hier kommt ein weiterer Begriff: Seelenvoll. Ja, Apple hat eine Seele, aber es ist nicht das erste Unternehmen, dem dies gelingt. Nur wenige Firmen können von sich behaupten, dass sie die Art von „Seele“ haben, die ihre Mitarbeiter begeistert und sie zu konstant hohen Leistungen anspornt.

Jedes Unternehmen hat ein Ziel, einen Grund für seine Existenz, der den Produktionsprozess und die Erbringung von Dienstleistungen antreibt. Aber wenn es keine Menschen gibt, die daran glauben, dann ist der Zweck sinnlos. Es sind die Bemühungen dieser Menschen, die die höhere Mission des Unternehmens vorantreiben. Nachdem sie mit Ihrem Produkt oder Team interagiert haben, erhalten die Kunden einen bleibenden Eindruck von der Seele Ihres Unternehmens. Der Geist, das Herz und das Gewissen eines Betriebes – oder sogar eine bestimmte Person – können als die «Seele» des Unternehmens betrachtet werden. Der Geist hält die Antwort bereit. Die Grundlagen des Entscheidungsfindungsmechanismus einer Organisation sind ihr Sinn, ihre Seele, ihre Bedeutung und ihr Organisationsgeist. Aus dieser Perspektive werden oder sollten alle Entscheidungen getroffen werden.

Es ist das Seelensystem eines Unternehmens, das die Mission des Betriebes mit seiner allgemeinen Geschäftsstrategie und dem Verhalten seiner Mitarbeiter verbindet. Das Konzept des Geteilten ist für dieses Paradigma von zentraler Bedeutung. Die Kultur und der Erfolg eines Unternehmens sind eng miteinander verbunden, wenn die Mitarbeiter ein gemeinsames Ziel verfolgen, die Strategie des Unternehmens kennen und an einem Strang ziehen.

Jeder Aspekt Ihres Unternehmens, vom Arbeitsort bis zur Preisgestaltung, wird von den Werten geprägt, die den Charakter Ihres Unternehmens ausmachen. Dabei sind Vertrauen und Offenheit ein wesentlicher Bestandteil des Grundprinzips. Wie vertrauenswürdig ein Mensch ist, ist von Person zu Person unterschiedlich. Manche Menschen haben ein angeborenes Misstrauen gegenüber anderen und sind der Überzeugung, dass „Sie auf Schritt und Tritt betrogen werden und immer wachsam und vorsichtig sein müssen." „Sie sich nur jemandem öffnen können, der sich ihr Vertrauen verdient hat." Diese Richtlinien und Verfahren entwerten die Würde der Mitarbeiter und respektieren diese nicht. Daraus resultiert nichts als Verachtung sowie eine bedrückende Arbeitsatmosphäre und -kultur.

Wer einen neuen Mitarbeiter einstellt, hat zwei Arten, wie er die Zusammenarbeit beginnen kann: Vertrauensvoll oder mit Misstrauen. Empfehlenswert ist es, potenzielle Mitarbeiter während des Bewerbungsprozesses auf Herz und Nieren zu prüfen, wenn die Entscheidung zur Einstellung gefallen ist, dem neuen Mitarbeiter jedoch einen Vertrauensvorschuss entgegenzubringen. Denn wer eine neue Zusammenarbeit mit Skepsis und Misstrauen beginnt, sät ein schlechtes Arbeitsverhältnis.

Um ein starkes Unternehmen von innen heraus aufzubauen, müssen Sie sich auf die Kernwerte des Unternehmens konzentrieren.

Die Seele Ihres Unternehmens ist wie Ihr Körper: Sie braucht Nahrung. Das Einzige, was die Seele nährt, ist die Zufriedenheit, die sich einstellt, wenn man sowohl im Beruf als auch im Privatleben erfolgreich ist.

Diese Überlegung bringt mich dazu zu betonen, dass jeder in der Lage sein sollte, seine Freizeit zu genießen, während er hart arbeitet, anstatt nur zu arbeiten, damit er seine Freizeit genießen kann.

Wenn die Unternehmenskultur leistungsfähig und das Vertrauen groß ist, sollte man den Mitarbeitern Zeit für ihre persönlichen Interessen lassen. Die dadurch nachweislich gestiegene Produktivität kommt wieder dem Unternehmen zugute.

Sie müssen nicht das eine dem anderen vorziehen, ein Gleichgewicht zwischen ihrem Privatleben und ihrem Berufsleben ist die Erfolgsformel. Privater und beruflicher Erfolg bedingen sich gegenseitig. Es muss den Mitarbeitern ermöglicht werden, auf beides gleichzeitig hinzuarbeiten.

Das Management hat viele Aufgaben, aber die wichtigste besteht darin, den Mitarbeitern zu helfen, ihre persönlichen und gleichzeitig Ihre beruflichen Ziele zu erreichen.

## UM EINE UNTERNEHMENSSEELE ZU ENTWICKELN, MÜSSEN SIE:

**SICHERSTELLEN, DASS IHRE MITARBEITER GLAUBEN.** Millennials wird häufig ein fanatisches Engagement für ihre Arbeit nachgesagt. Warum das so ist, ist leicht nachzuvollziehen. Diese Eigenschaft bezieht sich jedoch nicht ausschließlich auf jene Generation; wir alle erbringen bessere Leistungen, wenn wir der Überzeugung sind, dass unsere Arbeit einen höheren Zweck erfüllt als nur das Verdienen von Geld. In einem Unternehmen mit Geist gibt es mehr als nur finanzielle Erwägungen. So ist gesellschaftliches, soziales oder Umweltengagement kein reiner Altruismus, sondern trägt zum Unternehmenserfolg wesentlich bei. Ein Beispiel ist, das finanzielle Sponsering von kulturellen oder sozialen Programmen. Es wird oft medienwirksam und erfolgreich als Marketingmaßnahme genutzt .

Auch das Wohl der Mitarbeiter ist so gesehen eine intelligente Marketingmaßnahme: Flexibilität in der Arbeitszeit, gesunde

Ernährung am Arbeitsplatz oder inkludierte Sportprogramme, aber auch das Anbieten von familienfreundlichen Programmen wie einem unternehmenseigenen Kindergarten sind in der heutigen Zeit gern gesehene Möglichkeiten, die Mitarbeiterzufriedenheit zu verbessern.

Starke Unternehmen und starke Familien sind sich sehr ähnlich. Sie wissen, dass Konflikte nur vorübergehend sind und dass nichts das Fundament gemeinsamer Ziele von Liebe und Respekt in diesen Beziehungen zerstören kann, weshalb sie Meinungsverschiedenheiten und Individualismus zulassen.

Wenn das Leben einmal Steine in den Weg wirft (das verspätete Kindermädchen, die Beurlaubung aus persönlichen Gründen, die Arbeit von zu Hause aus aufgrund eines Schneesturms, der verrückte Kunde), müssen sich die Arbeitgeber als anpassungsfähig erweisen und ihre Mitarbeiter unterstützen.

**GESPRÄCHE FÜHREN.** Gesunde Beziehungen, ob am Arbeitsplatz oder zu Hause, beruhen auf einer offenen und ehrlichen Kommunikation. Gute Chefs ermutigen zu offenem und ehrlichem Feedback. Wenn man sich nicht kümmert, kann selbst der kleinste Groll zu etwas weitaus Ernsterem heranwachsen. Jeder, von den jüngsten Mitarbeitern bis hin zu den höchsten Führungskräften, muss wissen, dass seine Gedanken berechtigt sind und dass seine Stimme gehört wird.

**INSPIRIEREN.** An dieser Stelle kommt das Sprichwort „Zeigen, nicht erzählen“ ins Spiel. Ihre Mitarbeiter werden keine zusätzliche Mühe aufbringen, wenn Sie ihnen das Gegenteil des Gepredigten vorleben. Machen Sie deutlich, dass Sie bereit sind, für sie mehr zu tun als nur das Notwendige. Um

Kreativität zu fördern, müssen auch Sie Ihren Ideenprozess mit anderen teilen. Das Bedeutendste, was Sie für Ihre Mitarbeiter tun können, ist, ein Vorbild dafür zu sein, wie sie sich am Arbeitsplatz verhalten sollen. 50 Prozent der amerikanischen Arbeitnehmer haben ihren Arbeitsplatz verlassen, weil sie an diesem unglücklich waren.

**BELOHNEN.** Machen Sie sich keine Sorgen, falls Sie jetzt denken, es sich nicht leisten zu können. Verbales Lob und kleine Geschenke sowie Beförderungen und angemessene Gehaltserhöhungen sind effektivere Belohnungen für eine gut gemachte Arbeit als Geld. Wir sind alle gleich. Wir alle sehnen uns nach Anerkennung und Lob.

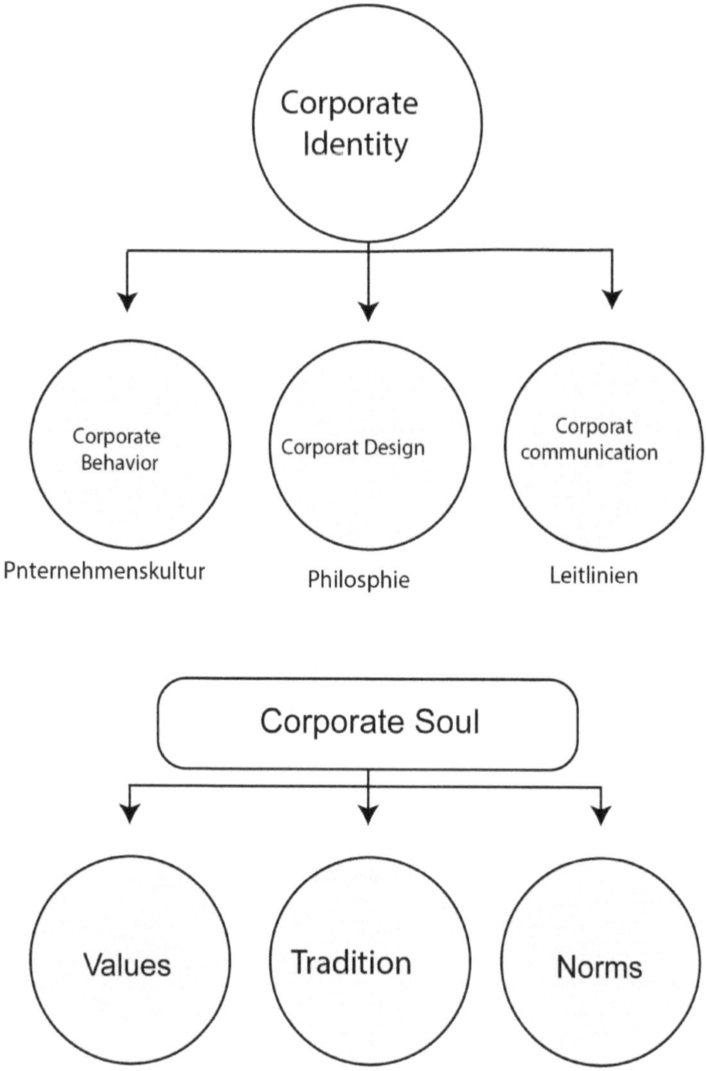


My-mindguide.com

## KAPITEL 4

# VERSTEHEN, WAS DER KERNWERT EINES UNTERNEHMENS IST (EIN WESENTLICHES ELEMENT DER SEELE EINES JEDEN UNTERNEHMENS/EINER JEDEN GESELLSCHAFT)

Die Kernwerte eines Unternehmens sollten sowohl den Mitarbeitern als auch Kunden bewusst sein und dementsprechend klar formuliert und öffentlichkeitswirksam verbreitet werden. Seine Unternehmensbotschaft und -ziele aufzuschreiben, reicht allerdings nicht. Es ist wichtig, diese auch bewusst zu „leben" und regelmäßig an seine Mitarbeiter weiterzugeben wie z.B. durch Schulungen. Denn nur weil eine Erklärung an einer Wand, auf einer Website oder in einem Handbuch steht, heißt das noch lange nicht, dass die Mitarbeiter die Botschaft auch verinnerlichen. Es muss einen konsistenten Informationsfluss geben, der diese Werte bestärkt. Und das Unternehmen muss auch aktiv für seine Werte eintreten und sollte sich nicht nur floskelartig mit Trendwörter wie z.B. *Diversity* oder *Gleichberechtigung* schmücken,

**Ich halte es für nützlich, Werte in vier Gruppen einzuteilen.** Als kulturelle Säulen eines Unternehmens sind die KERNWERTE die grundlegenden Konzepte, die alle Handlungen des Unternehmens beeinflussen. Bei den Kernprinzipien darf es keine Kompromisse geben, sei es aus Bequemlichkeit oder wegen eines kurzfristigen finanziellen Vorteils, denn sie sind unverzichtbar und wesentlich. Die Grundüberzeugungen eines Unternehmens spiegeln in der Regel die Werte seiner Gründer wider; ein Beispiel dafür ist der von HP hochgelobte „HP Way". Damit sich ein Unternehmen von anderen abhebt, muss es seine individuelle Identität bewahren.

Diese Werte, die ein Unternehmen braucht, um in Zukunft erfolgreich zu sein und sich an die Anforderungen eines sich stetig wandelnden Marktes oder Sektors anzupassen, können die Erarbeitung neuer Werte für ein Unternehmen erforderlich machen. Ein CEO, der sagte, dass ein Kernwert seines Unternehmens ein Sinn für Dringlichkeit sei, hat einen ERSTREBENSWERTEN WERT anstelle eines Kernwertes gewählt. Um eine Verwässerung der Grundwerte zu vermeiden, müssen die Definitionen sorgfältig erfolgen und erstrebenswerte Werte von Kernwerten abgegrenzt und richtig kommuniziert werden. .

In einem Unternehmen, für das ich gearbeitet habe, waren die Mitarbeiter dafür bekannt, bis spät in die Nacht und am Wochenende zu arbeiten, da sie für ihr Engagement und ihre harte Arbeit geschätzt wurden. Wie kommt es also, dass die Unternehmenskultur trotz allem als erfolgreich angesehen wird und die Mitarbeiter eine hohe Zufriedenheit und Loyalität zeigen?

Statt einer guten „Work-Life-Balance" wurden die Mitarbeiter mit einem anderen Wertesystem entlohnt, sodass trotz des enormen Arbeitspensums eine überragende Mitarbeiterzufriedenheit erreicht werden konnte.

Entscheidend ist, dass so ein Unternehmen offen zu seiner Arbeitskultur steht und sich nicht mit Werten wie einer guten „Work-Life-Balance“ schmückt, wenn dies offenkundig nicht der Fall ist und stattdessen auf andere Werte setzt.

In jenem Fall waren dies kulturelle Diversität, finanzielle Anreize, ein respektvoller Umgang miteinander, weltweite prestigeträchtige Aufstiegschancen und stetige Weiterbildungsprogramme, aber auch die Mitarbeit an „sinnvollen“ Projekten, die nachhaltig Veränderungen im Unternehmen und der Gesellschaft umsetzen.

Mitarbeiter, die das Gefühl haben, dass ihre Arbeit einen tieferen Sinn und ein gesellschaftliches Engagement erfüllt, sind bereit, auch auf Annehmlichkeiten zu verzichten.

Die Kernwerte werden durch die elementaren Verhaltens- und Sozialstandards gespiegelt, die von jedem Mitarbeiter eingehalten werden müssen.

Die Richtlinien unterscheiden sich nicht wesentlich zwischen den einzelnen Unternehmen, insbesondere nicht zwischen Unternehmen derselben Region oder Branche, und tragen daher per Definition nicht dazu bei, dass sich ein Unternehmen von seinen Konkurrenten abhebt.

Mit der Zeit setzen sich diese Werte im Unternehmen durch, ohne dass sie von der Führung gefördert werden müssen.

Die Persönlichkeit der Mitarbeiter reflektieren oft diesen Wertvorstellungen.

Je nach Unternehmen und Branche gilt es verschiedene Werte- Schwerpunkte zu setzten: Für ein Softwareunternehmen ist die Förderung einer Kultur der Integration entscheidend um mit Spezialisten aus 34 Nationen eine Team zu formen. Für ein Unternehmen, das authentischen, lokalen Service anbietet ist dies nicht von zentraler Bedeutung. Für Manager ist es entscheidend ein Wertesystem zu entwickeln, das auf das Unternehmen maßgeschneidert wird.

## BEISPIELE FÜR WICHTIGE SCHLÜSSELWERTE im Unternehmen

Unternehmenswerte lassen sich als Leitregeln oder Richtlinien zusammenfassen, wenn man sie auf ihre einfachste Form reduziert. Versetzen Sie sich in die Lage Ihres Gegenübers und behandeln Sie ihn so, wie Sie selbst behandelt werden möchten. Die Seele eines Unternehmens kann durch seine zentralen Ideale definiert werden.

**Integrität.** Jeder, der die Organisation und das Unternehmen repräsentiert, muss nach hohen ethischen Grundsätzen handeln.

**Ehrlichkeit.** Sie ist mehr als nur die weiseste Wahl. Ein offener und ehrlicher Umgang mit seinen Mitarbeitern, Kunden und der Öffentlichkeit ist ein wichtiger Bestandteil des Geschäftslebens.

**Fairness.** Jedem sollten der Respekt und der Anstand entgegengebracht werden, den wir selbst erwarten und der uns als Gesellschaft zusteht.

**Rechenschaftspflicht.** Selbstreflexion ist die effektivste Technik, um Vertrauen zu schaffen, sowohl intern als auch extern.

Dem Kunden wird etwas versprochen. Ein hervorragendes Kundenerlebnis beginnt mit der Aufrichtigkeit der Worte, die wir wählen, und praktizierten Wertschätzung, die wir zu unseren Kunden und Kollegen aufbauen.

**Vielfalt und Integration.** Der Erfolg einer Organisation beruht auf ihrer Fähigkeit, Menschen mit unterschiedlichen akademischen, kulturellen oder sozialen Hintergründen und Erfahrungen in einer gemeinsamen Umgebung zusammenzubringen.

**Lernen.** Die Wahrheit ist, dass niemand alles weiß. Die Grundlage eines jeden erfolgreichen Unternehmens ist ein Geist der Offenheit und der Neugierde.

**Teamarbeit.** Gemeinsam können Menschen Dinge erreichen, die sie allein nicht geschafft hätten.

**Leidenschaft.** Freude an der Arbeit selbst, aber auch an den Menschen in unserem Umfeld, sodass wir gemeinsam mutig und kreativ sein können.

**Qualität.** Produkte und Dienstleistungen werden nach ihrer Qualität beurteilt, deshalb ist es notwendig, dass Unternehmen die höchsten Standards einhalten.

## WIE SIE IHRE UNTERNEHMENSWERTE DEFINIEREN

Um die Werte Ihres Unternehmens zu definieren, müssen Sie sich eingehend mit dem WARUM, den Grundlagen der Existenz ihres Unternehmens befassen. WARUM gibt es dieses Unternehmen? WARUM kann es einen Beitrag für unsere Gesellschaft und die Umwelt leisten? WARUM kann es dies besser als andere? Aus diesen Grundwerten Ihres

Unternehmens können dann Mission und Vision entwickelt werden.

Alle Mitarbeiter, ja sogar alle Stakeholder sollten in der Lage sein, die Grundüberzeugungen Ihres Unternehmens nicht nur zu reflektieren, sondern auch zu verinnerlichen.

Anstatt einen langen Aufsatz zu schreiben, sollten Sie über die tiefere Bedeutung und den gesellschaftlichen Beitrag ihres Unternehmens nachdenken.

Formulieren Sie verständlich, indem Sie Begriffe wählen, denen jeder folgen kann. Außerdem kann es missverständlich sein und die Bedeutung verzerren, wenn Sie im Fachjargon schreiben. Die Werte Ihres Unternehmens müssen mit seiner Mission und seinen Ambitionen verbunden sein. Sie sollten sowohl für die Produkte und Dienstleistungen Ihres Unternehmens als auch für seine Kultur prägend sein.

Berücksichtigen Sie sowohl Ihre internen als auch Ihre externen Ziele. Wenn eine Firma Entscheidungen trifft, wirken sich diese nicht nur auf ihre Mitarbeiter aus, sondern auch auf die Welt im Allgemeinen. Die Auswirkungen Ihres Unternehmens auf die Außenwelt zu ignorieren, wäre ignorant. Die Mitarbeiter Ihrer Firma werden sich ermutigt fühlen und Ihre Kunden werden mehr Vertrauen in Ihre Fähigkeit setzen, mit der Außenwelt zu kommunizieren.

Ihr klar differenziertes und gelebtes Wertesystem stellt auch eine Differenzierung zum Wettbewerb und damit einen unschätzbaren Wettbewerbsvorteil dar. Nachdem Sie Ihre Grundsätze festgelegt haben, müssen diese Fundamente der Unternehmenskultur werden.

Die Anerkennung von Mitarbeitern, die Ihre Unternehmenswerte vorleben, ist ein guter Ansatz, um eine Kultur zu schaffen, die mit diesen Prinzipien übereinstimmt.

Mitarbeiter sind eher bereit, eine Handlung zu wiederholen, wenn sie bereits vom Unternehmen anerkannt wurde. Wenn Sie die Wertschätzung eindeutig mit den Idealen des Unternehmens in Verbindung bringen, verbessert sich die Übereinstimmung zwischen dem Unternehmen und seinen Mitarbeitern.

Ermutigt Ihr Unternehmen alle Mitarbeiter, von den Angestellten bis zu den Führungskräften, nach diesen Idealen zu handeln, wird dies die Werte Ihres Unternehmens stärken und zu einer höheren Leistung auf breiter Basis führen.

Erwägen Sie die Einführung einer Plattform für die Mitarbeiteranerkennung, die es den Beschäftigten ermöglicht, jede Anerkennung eindeutig mit einem bestimmten Unternehmenswert zu verknüpfen, um den Anerkennungsprozess zu vereinfachen.

## DIE DEKLARIERTEN WERTE ENTSPRECHEN MEIST NICHT DEN GELEBTEN WERTEN (DIE WERTELÜCKE) DER ORGANISATIONEN

Führungskräften ist durchaus bewusst, dass Aussagen zu den Unternehmenswerten häufig auf Werbebotschaften für das Unternehmen reduziert werden. Es ist überraschend, dass sie sich der schädlichen Auswirkungen nicht bewusst zu sein scheinen, die sich aus diesem Verhalten ergeben. Die Unternehmenswerte werden zur ethischen „Monstranz“ umfunktioniert und die Verantwortlichen sind anschließend überrascht, wenn darauf mit Zynismus, Feindseligkeit und schließlich Gleichgültigkeit reagiert wird.

Der Wertekodex eines Unternehmens ist dann nur noch ein reines Showobjekt. Zynismus und niedrige Arbeitsmoral der Mitarbeiter sind das Ergebnis von Werten, die proklamiert, jedoch ignoriert werden.

Es gibt zahlreiche Möglichkeiten, wie dies geschehen kann. Oft wird jede kontroverse, aber fruchtbare Diskussion durch den Einsatz der Wertekeule als politische Waffe abgewürgt. Werte können somit auch eingesetzt werden, um von Missständen abzulenken und den Anschein von Fortschritt zu erwecken, während in Wirklichkeit kaum Fortschritte erzielt wurden. Es gibt zahlreiche Probleme, die das Missachten von Werten mit sich bringt. Das Wichtigste ist allerdings, dass wir dadurch einer Chance beraubt werden. Es gibt verschiedene Möglichkeiten, die Werte eines Unternehmens zu nutzen, um es von seinen Konkurrenten zu unterscheiden. Aber die Evaluierung und Durchsetzung einer Reihe starker Werte erfordert viel Mut.

Werte sind schmerzhaft, wenn sie effektiv umgesetzt werden. Jedes Unternehmen, das ein wertebasiertes Projekt umsetzen will, muss diese Tatsache zunächst akzeptieren. Manche Mitarbeiter fühlen sich durch diese wie Außenseiter. Strategische und operative Handlungsfreiheit wird eingeschränkt, ebenso wie das Handeln der einzelnen Mitarbeiter des Unternehmens. Aus diesem Grund sehen sich die Führungskräfte schon bei kleinen Verstößen einem Trommelfeuer an Kritik ausgesetzt. Eine ständige Überwachung ist erforderlich. Es ist reine Zeitverschwendung, eine Werteerklärung abzugeben, wenn Sie nicht in der Lage sind, eine gewisse Toleranzbreite zu akzeptieren, die wahre Prinzipien mit sich bringen. Das Fehlen einer solchen Erklärung würde in diesem Fall für diese Situation sogar von Vorteil sein. Es ist jedoch möglich, wichtige Lektionen von einigen Organisationen zu lernen, die relevante Unternehmenswerte eingeführt haben, indem Sie die Herausforderung beharrlich angehen. Auch wenn die Werte dieser Organisationen durch die intensive Arbeit einer „Task Force Werte“ direkt aus der Vision und dem Charakter ihrer Gründer abgeleitet wurden, folgen sie alle bei der Definition und Anwendung ihrer Werte meist bekannten Mustern.

In Wahrheit entpuppen sich die deklarierten Grundprinzipien der meisten Organisationen nur als anzustrebende Ziele der Zukunft.

Häufig verwechseln Führungskräfte andere Arten von Werten mit Kernprinzipien und dies schafft statt Orientierung, Desorientierung.

Die Mitarbeiter sind von dem daraus resultierenden Wortesalat verwirrt und das Management wirkt als realitätsfremd und im „Glasturm sitzend“ wahrgenommen.

Durch die Festlegung einiger grundlegender Begriffe, auf die sich alle einigen können, wird sichergestellt, dass jeder versteht, was das Unternehmen zu erreichen versucht.

In der Realität sehen heute viele Mitarbeiter die proklamierten Unternehmensgrundsätze nur als bedeutungsloses Geschwätz an, das keinen Einfluss darauf hat, wie die Geschäfte im Alltag geführt werden. Damit hat sich das Unternehmen einen Bärendienst erwiesen, statt einen Wettbewerbsvorteil erarbeitet.

## WIE SIE IHRE UNTERNEHMENSKULTUR UND IHRE WERTE MESSEN KÖNNEN

Um schwierige Aufgaben so schnell und effizient wie möglich zu bewältigen, möchten die Führungskräfte eines

Unternehmens stets sicherstellen, dass ihre Mitarbeiter als Team zusammenarbeiten. Die Unternehmenskultur wird durch eine Vielzahl von Elementen geprägt, wie z. B. die Zusammenarbeit zwischen den Mitarbeitern, die zwischenmenschlichen Beziehungen innerhalb des Unternehmens und die Zufriedenheit am Arbeitsplatz. Es ist unerlässlich, dass jede Führungskraft die Kultur ihres Unternehmens berücksichtigt. Die Organisationskultur und die Werte, die den Arbeitsplatz durchdringen, sind entscheidend dafür, wie ein Unternehmen funktioniert und umgekehrt, wie es sich verbessern könnte.

Als Teil einer leistungsstarken, werteorientierten Kultur ist eine Reihe von messbaren, greifbaren und beobachtbaren Grundwerten des Unternehmens unerlässlich. Solange Werte nicht messbar sind, ist es unmöglich, Führungskräfte und Mitarbeiter konsequent zur Einhaltung dieser Werte zu bewegen. Oft werden Werte in hochtrabenden Worten formuliert, die sich im Alltag nur schwer in die Praxis umsetzen lassen. Jede Führungskraft und jeder Mitarbeiter kann diese Grundsätze nach eigenem Ermessen definieren, je nach Persönlichkeit, Rolle und Verantwortung, ohne dass es explizite Verhaltensnormen gibt, die genau beschreiben, wie sich ein „hervorragender Unternehmensmitarbeiter" zu verhalten hat. Beispielsweise werden Sie das Vertrauen in mich verlieren, wenn ich nicht gemäß Ihrer Definition von „Ehrlichkeit" handle. Langfristige Auswirkungen? Erhöhte Spannungen und Ängste bei Mitarbeitern und Kunden sowie ein inkonsequenter Umgang mit beiden Gruppen.

Erarbeiten Sie eine Liste möglicher Verhaltensweisen, die Sie von Ihren Mitarbeitern erwarten, während sie die einzelnen Grundwerte des Unternehmens vertreten. Sie können Ihre

Mitarbeiter nicht für ihre „Gedanken", ihre „Einstellung" oder ihren „Glauben" zur Rechenschaft ziehen, aber Sie können sie verpflichten, klar definierte Verhaltensweisen an den Tag zu legen.

Führen Sie zweimal im Jahr eine individuelle Wertebeurteilung für die gesamte Organisation durch. Dabei sollten so viele Kanäle wie möglich genutzt werden, um Informationen über die Fortschritte des Unternehmens auf dem Weg zum Ziel, „Vertretung unserer Überzeugungen", zu verbreiten. Schenken Sie denjenigen Aufmerksamkeit, die die idealen Werte verkörpern, und belohnen Sie sie für ihre Bemühungen, während Sie diejenigen, die dies nicht tun, coachen und umleiten. Sobald Sie Mitarbeiter entdecken, die außerstande sind, regelmäßig die gewünschten Verhaltensweisen zu praktizieren, helfen Sie ihnen auf freundliche Weise, das Unternehmen zu verlassen.

## VERMITTLUNG IHRER UNTERNEHMENSWERTE

Auf welche Weise bringt Ihr Unternehmen seine Werte intern zum Ausdruck?

Selbst die ausgefeiltesten Leitbilder nützen nichts, wenn sie unter Verschluss gehalten und den Mitarbeitern nur selten nahegebracht werden. Die wesentlichen Ideale eines Unternehmens sollten für jedermann sichtbar sein und an prominenter Stelle auf der Website des Unternehmens präsentiert werden. Aber auch die interne Unternehmenskommunikation ist relevant. Die ständige Wiederholung der Unternehmenswerte erinnert jeden daran, was das Unternehmen besonders und unverwechselbar macht. Alles, was eine Firma tut, ist eine Aussage über ihre Werte, und die Werte des Unternehmens spiegeln sich in allem wider, was es tut. Betrachten Sie die folgenden Beispiele dafür, wie das Tagesgeschäft eines Unternehmens durch seine Grundwerte beeinflusst werden kann:

Beziehen Sie andere mit ein: Bestimmen Sie diejenigen, die an der Ausarbeitung und Definition Ihrer Grundwerte beteiligt sein werden, bevor Sie beginnen. Beziehen Sie Ihre Mitarbeiter in den Entstehungsprozess der Werte mit ein. Es ist wichtig, dass jedes Mitglied des Teams in der Lage ist, seine Bedenken bezüglich eines der Prinzipien zu äußern, sodass die Gruppe einen Kompromiss finden kann. Wenn die Mitarbeiter mit den Kernwerten nicht einverstanden sind, werden sie ihnen schwerlich folgen. Je nach Größe Ihres Teams können Führung und Mitarbeiter eine kleine oder große Arbeitsgruppe bilden. Wenn es praktikabel ist, sollten Sie Mitarbeiter aus verschiedenen Abteilungen oder Ebenen zur Teilnahme an der Brainstorming-Sitzung einladen. Unterscheiden Sie zudem zwischen der Definition ihrer Grundwerte und der Entwicklung einer langfristigen Vision – wo soll ihr Unternehmen in fünf, zehn oder zwanzig Jahren stehen?

Viele der heutigen Spitzenunternehmen wie Google sehen die spezifische Firmen- Kultur als Teil ihrer Identität und als Ausdruck ihrer gelebten Unternehmenskernwerte.

Sie werden bessere Chancen haben, Unterstützung bei der Umsetzung Ihrer Werte zu erhalten, wenn diese tagtäglich gelebt werden.

Warum ist es also sinnvoll, die Beziehung zwischen der Kultur Ihres Unternehmens und seinen Werten zu analysieren? Stellen Sie zunächst ein paar einfache Fragen. Welche Komponenten der Kultur Ihres Unternehmens sind für Sie am wichtigsten?

Welche sind die relevantesten Eigenschaften eines neuen Mitarbeiters oder eines neuen Kunden? Es ist von entscheidender Bedeutung, dass Sie darüber nachdenken, welche Aspekte Ihres Unternehmens oder Ihrer Unternehmenskultur für den Dialog relevant sind. Überlegen Sie, wie sich Ihr Unternehmen durch jeden dieser Aspekte definiert.

Seien Sie aggressiv authentisch: Viele Unternehmen behandeln eine Werte-Initiative wie einen Marketinglaunch: ein einmaliges Ereignis, das nach der Aufmerksamkeit bewertet wird, die es erzeugt, und nicht nach der Gültigkeit seines Inhalts. Der Ruf der Führungskräfte eines Unternehmens kann dadurch untergraben werden, wie der CEO eines Finanzdienstleisters feststellen musste, als er einen gefälschten Film präsentierte. Unternehmen können sogar von Führungskräften sabotiert werden, die Werteinitiativen ernst nehmen, da sie sich durch allzu angenehme Grundsätze nicht von der Konkurrenz abheben. In den Werteerklärungen vieler Unternehmen finden Sie die mütterlichen Apfelkuchen-Ideale wie Ehrlichkeit, Fairness und exzellenten Service für die Kunden. In der Tat geben 55 % der Fortune-100-Unternehmen an, dass Integrität ein zentraler Wert ist, 49 % glauben an Kundenzufriedenheit und 40 % glauben an Teamarbeit. Solche Phrasen bieten jedoch kein klares Muster dafür, wie sich Mitarbeiter verhalten sollten. Denn Ideale von der Stange heben ein Unternehmen nicht vom Rest der Branche ab, sondern sorgen eher dafür, dass es sich angleicht. Wenn die Worte nicht so klingen, als gehörten sie auf eine Grußkarte, ist die Aussage höchstwahrscheinlich aufrichtig. In der Tat halten sich einige der wertorientiertesten Unternehmen an herausfordernde, wenn nicht gar umstrittene Grundsätze. Es ist durchaus möglich, kluge Entscheidungen zu treffen, indem man sich aggressiv an seine Kernideale hält.

Intel zum Beispiel ist sehr zufrieden mit den eher rauen Zügen seiner Unternehmenskultur. Die Risikobereitschaft wird gefördert, indem die Mitarbeiter ermutigt werden, den Status quo in Frage zu stellen und sich auf konstruktive Konflikte einzulassen. Die Kunst des verbalen Schlagabtausches, ohne Groll zu hegen, wird beispielsweise neuen Mitarbeitern im Rahmen des Orientierungsprogramms beigebracht. Wenn es um Meetings geht, ist Andy Grove dafür bekannt, seine Führungskräfte herauszufordern und sogar zu beschimpfen. Ein früherer Mitarbeiter von Grove erinnerte sich daran, wie der ehemalige CEO ihn, während einer Präsentation, zurechtwies. Nach einer anfänglichen Pause sagte Grove: „Wenn das nicht gleich spannender wird, sollten Sie jetzt aufhören und nächste Woche mit einer besseren Version wiederkommen." Grove hatte die Rede des Geschäftsführers nur ein paar Minuten zuvor bereits einmal unterbrochen.

Es ist möglich, kluge Entscheidungen zu treffen, indem man aggressiv an seinen zentralen Idealen festhält. Als das in der San Francisco Bay Area ansässige Unternehmen Webcor Builders beschloss, einen Anbieter aufzukaufen, ein Consultingunternehmen, das Baufirmen mit Hochgeschwindig keitstechnologie verkabelt, nutzten sie ihren Kernwert der Innovation als Kompass für ihre Strategie. Für ein herkömmliches Bauunternehmen hätte die Übernahme wie ein riskanter Schritt erscheinen können, aber sie hat sich ausgezahlt. Architekten und Ingenieure, die früher auf Telefonate und umständliche Pläne angewiesen waren, können jetzt online zusammenarbeiten und so Zeit und Geld sparen. Diese Entscheidung wurde sowohl von ihrem Engagement für Innovation als auch von den Marktbedingungen beeinflusst.

Wählen sie die richtige Methode um eine Werteinitiative zu starten: Was ist der häufigste erste Schritt, den viele CEOs unternehmen, um eine Werteinitiative zu starten? Mithilfe von Umfragen und Versammlungen arbeitet die Personalabteilung daran, die Mitarbeiter einzubinden. Mit genannter Methode nimm die Personalabteilung dieses Unterfangen zum Anlass zu nehmen, Vielfalt und Integration zu fördern.

Deutlich gesagt: Genau das wäre die falsche Strategie. Anstatt einen offenen Dialog zu fördern, zielen Wertekampagnen häufig darauf ab, einer großen Zahl von Menschen eine Reihe von strategisch fundierten Grundüberzeugungen aufzuzwingen.

Um den Fokus nicht aus den Augen zu verlieren, ist es besser, mit einem kleinen Team zu arbeiten, das aus dem CEO, den eventuell noch beschäftigten Unternehmensgründern und einigen wichtigen Mitarbeitern besteht.

Der CEO eines Pharmaunternehmens verstand es besser, die Wertediskussion nicht zu einem demokratischen Prozess zu machen, denn er wollte, dass sein Unternehmen eine eigene Kultur entwickelt. Um seine Ziele zu erreichen, stützte sich Wild auf ein Team von sieben leitenden Angestellten, von denen viele an der Gründung des Unternehmens beteiligt waren. Einige Mitarbeiter von MedPointe wurden von den Führungskräften des Unternehmens als Vorbilder für die Ideale, die das Unternehmen hochhalten sollte, auserkoren. „Führungskräfte, die nicht in der Lage sind, diese Ideale zu verinnerlichen oder vorzuleben, werden uns verlassen", sagt Wild. „Sie passen vielleicht besser in ein anderes Unternehmen." Die obersten Führungskräfte müssen sich ebenfalls darüber im Klaren sein, dass ein starkes Werteprogramm wie ein hervorragender Wein ist: Er muss langsam reifen. Eine echte Erkenntnis ist für ein

Werteteam wesentlicher als eine schnelle Entscheidung, die es später bereuen könnte.

Daher sollten sich Führungskräfte Zeit nehmen, um darüber nachzudenken, wie die von ihnen gesetzten Standards in die Unternehmensrealität umgesetzt werden sollen.

Nach einer Reihe von Akquisitionen stellte ein internationales Pharmaunternehmen fest, dass es nützlich wäre, sich Zeit zum Nachdenken zu nehmen, um eine einheitliche Kultur zu schaffen. Schon nach wenigen Stunden Diskussion hätte man sich fast auf eine Liste von Werten geeinigt, die unter anderem den Begriff „transparent" enthielt, da man sich anderen Themen zuwenden wollte. Der CEO stellte den Vorschlag klugerweise zurück, damit das Team darüber nachdenken und ihn mit den wichtigsten Mitarbeitern bewerten konnte, bevor sie den Vorschlag fertigstellten. Sie fanden heraus, dass der Begriff in Europa eine andere Bedeutung hatte als in den Vereinigten Staaten. Das Team änderte den Begriff „transparent" in „kollaborativ", und als Ergebnis standen die gewählten Werte weitaus stärker im Einklang mit dem weltweiten Ethos des Unternehmens.

Nehmen wir an, Sie haben die richtigen Werte herausgefunden. Was nun? Wie geht es jetzt weiter? Wenn Sie wollen, dass Ihre Grundwerte Bestand haben, müssen Sie sie in jeden Aspekt der Verwaltung Ihrer Belegschaft einbeziehen, von der Einstellungspraxis über die Leistungsbeurteilung bis hin zu den Kriterien für Auszeichnungen und Beförderungen und den Verfahren für die Kündigung von Mitarbeitern. Jeder im Unternehmen sollte die Grundprinzipien des Unternehmens jederzeit kennen, nicht nur bei Vorstellungsgesprächen, sondern während der gesamten Dauer der Beschäftigung.

Werfen wir einen Blick auf Cussions and Cussions (fiktiv), ein kleines E-Business-Unternehmen, das eine starke Kultur der Zuverlässigkeit, des Engagements und der Selbstmotivation aufgebaut hat, indem es diese Grundprinzipien in jedes System integrierte, das sich direkt auf seine Mitarbeiter auswirkt. Wenn es um die Einstellung von Mitarbeitern geht, suchen Arbeitgeber nach Personen, die nicht nur über die für die Stelle erforderlichen Qualifikationen und Erfahrungen verfügen, sondern auch über Charaktereigenschaften, die die Grundwerte des Unternehmens widerspiegeln. Während des Vorstellungsgesprächs erkundigen sich der CEO und seine Mitarbeiter offen über die Erwartungen an die Stelle und frühere Erfolge. Ein Beispiel dafür, wie der CEO die Tatkraft und das Engagement eines Bewerbers bewertet, ist die Aufforderung an die Kandidaten, etwas zu beschreiben, was sie erreicht haben, das andere als unerreichbar abgetan hatten.

Die Ideale des Unternehmens sind für die Mitarbeiter von Cussions und Cussion nicht nur bloße Worte, nachdem sie eingestellt wurden. Die Grundwerte dienen als Grundlage für die Bewertung der Mitarbeiter und für die Vergabe von Anteilen, Anreizen und Gehaltserhöhungen für den CEO und seine Mitarbeiter. Die Werte einer Person beeinflussen sogar die Entscheidung, sie zu entlassen oder nicht. Der CEO würde sagen: „Ich kann mit jemandem umgehen, der mehr Beratung oder Training braucht, aber wenn es um unsere grundlegenden Überzeugungen geht, kann ich nicht tolerant sein. Aus diesem Grund ist unsere Betriebskultur solide.“ Viele Unternehmen hingegen vermeiden Entlassungen. Mit Baker‘s Delight können wir ein weiteres (fiktives) Beispiel anführen. Schon nach wenigen Tagen ist es für einen neuen Mitarbeiter schwer zu übersehen, wie wichtig die Zufriedenheit der Kunden ist.

Jeder Raum der Bäckerei ist nach einem Kunden benannt und die Dekoration an den Wänden besteht aus den jährlichen Berichten der Gäste. Prüfungsunabhängige Bewertungen der Kundenzufriedenheit werden für die Vergabe von Boni und Vergütungsplänen verwendet. Ein Unternehmen sollte bei jeder Gelegenheit für seine Grundprinzipien werben. Wenn die Chefs eine Botschaft nicht ständig wiederholen, werden die Mitarbeiter kaum glauben, was man ihnen sagt, so die Annahme. Da so viele Menschen heute skeptisch gegenüber Werten sind, sollten Führungskräfte sie so oft wie möglich rezitieren.

Viele Unternehmen drucken ihre Grundsätze auf T-Shirts und Kaffeetassen, aber die effektivsten Wege, sie zu vermitteln, sind weit weniger kostspielig und zeitaufwendig. Es ist wichtig, dass Sie Ihre Mitarbeiter immer wieder an den wichtigsten Wert des Unternehmens, den Kundenservice, erinnern. Eine Alternative zu einem umfassenden Handbuch über exzellenten Kundenservice ist es, Ihren neuen Mitarbeitern außergewöhnliche Geschichten darüber zu erzählen, wie weit andere Mitarbeiter gegangen sind, um ihre Kunden zufriedenzustellen. Sie können ihnen beispielsweise die Geschichte eines Mitarbeiters erzählen, der einem Kunden die vor langer Zeit gekauften Produkte zurückgegeben und den Kaufpreis erstattet hat, ohne Fragen zu stellen. Die Überzeugung der Mitarbeiter, dass sie für eine großartige Firma arbeiten, wird durch die Berichte gestärkt, die sie immer wieder hören. Wenn das Geschäft geschlossen ist, sollten Manager sowohl positive als auch negative Rückmeldungen von Kunden prüfen, um ein Gefühl dafür zu bekommen, wie ihre Mitarbeiter agieren.

Es ist kein Geheimnis, dass Wal-Mart eines der praxisorientiertesten Unternehmen der Welt ist, aber es ist auch eines der bekanntesten. Die Mitarbeiter des Einzelhandelsriesen werden häufig an die Grundprinzipien des Unternehmens erinnert: Qualität, Kundenservice und Respekt. In Europa halten wir Dinge wie Anfeuerungsrufe für typisch amerikanische Naivität, wie mir ein Management-Trainee erklärte. „Die Poster im Pausenraum und die Aussagen von Sam Walton, sind eigentlich gar nicht so abwegig, muss ich zugeben. Manager nutzen Taten, um die wichtigsten Prinzipien zu stärken." Mitarbeiter, die innovative Wege finden, um die Kunden zufriedenzustellen, werden traditionell mit Geld und anderen öffentlichen Auszeichnungen belohnt. Die Entwicklung und Umsetzung eines starken Wertesystems erfordert viel Zeit und Mühe, und die meisten Unternehmen würden sich diese Mühe gerne ersparen.

Das sollten sie auch, denn die Kultur eines Unternehmens kann kontradiktisch zu Werten stehen, die nicht richtig etabliert wurden und damit kann diese Inkonsequenz zu Dissonanzen und Entfremdung führen.

Es ist eine Herausforderung, den verkündeten Werten Ihres Unternehmens gerecht zu werden. Jedoch ist es für Unternehmen noch viel schwieriger, den Schaden zu reparieren, der durch fehlerhafte Werteprogramme entstanden ist.

Auch wenn es viel Zeit und Mühe kostet, eine authentische Werteerklärung zu erstellen, steht fest, dass Ihr Unternehmen davon profitieren wird.

Zusammenfassend lässt sich sagen, dass Sie mehr bewirken können, indem Sie die Menschen in die Schaffung der Unternehmenswerte einbeziehen. Beteiligen Sie Ihre Mitarbeiter, Kunden, Aktionäre und andere wichtige Interessengruppen. Der Wertekanon muss von der gesamten Organisation getragen werden, und das Management muss mit an Bord sein. Das Bekenntnis zu den Prinzipien beginnt an der Spitze. Sie müssen diese Werteberücksichtigen, wenn sie kritische Entscheidungen treffen und auf sie anspielen, wenn sie erklären, warum diese Entscheidungen getroffen wurden.

Seien Sie vernünftig mit Ihren Erwartungen. Die Mitarbeiter sollten von der Geschäftsleitung darüber informiert werden, dass sie bestrebt sein müssen, im Einklang mit den Werten des Unternehmens zu arbeiten, selbst wenn dies nicht immer möglich ist. Manchmal können nicht alle Werte zu 100% gelebt werden. Es darf hier nicht zu einem ideologischen Werte-Kommissariat kommen, sondern Augenmaß und eine Toleranzbreite definiert werden.

So ist zum Beispiel bei dem Wert eine gesunde Work-Life-Balance zu ermöglichen, trotzdem im Ausnahmefall eine Besprechung an Samstagen und Sonntagen geboten, wenn es die Umstände erfordern.

Stellen Sie sicher, dass die Werte Ihres Unternehmens die Veränderung und Dynamik des Unternehmens reflektieren. Ihr Unternehmen wächst und verändert sich, wird zum Beispiel von einem lokalen zu einem globalen Player und muss daher den Wertekanon ergänzen und anpassen.

Die Dynamik Ihres Unternehmens und des Umfeldes definieren, wann und wie viel Aktualisierungsbedarf besteht.

Behalten Sie das Wertesystem des Unternehmens ständig im Auge und überwachen Sie die Umsetzung.

Um sicherzustellen, dass die Aktivitäten des Unternehmens mit den erklärten Werten übereinstimmen, sollte die Unternehmensleitung in regelmäßigen Abständen Zeit für solche Bewertungen einplanen.

Auch die Mitarbeiter sollten befragt werden, um herauszufinden, ob sie der Meinung sind, dass das Unternehmen seine Werte lebt.

Die Werte eines Unternehmens können in einer Weise kodifiziert werden, die für den Betrieb von Vorteil ist. Die Führung und die Mitarbeiter sollten die Werte als solide Grundlage für ihre täglichen Aktionen und ihre Entscheidungen nutzen. Das Wichtigste ist, dass sich alle dazu verpflichten, nach diesen zu handeln.

## KAPITEL 5

# MARKENWERTE ZU DEFINIEREN UND ZU ERFORSCHEN BEDEUTET DIE SEELE ZU ERGRÜNDEN - TAUCHEN SIE TIEFER EIN

Die Marke eines Unternehmens spiegelt sich im Namen und Erscheinungsbild des Produkts. Obwohl viele Marken demselben Mutterunternehmen gehören können, hat jede Marke einzelne individuelle Visionen, Botschaften, Produkte, Zielmärkte und Markenwerte, die sie von den anderen Marken unterscheidet. Markenwerte sind für erfolgreiche Marken von ausschlaggebender Bedeutung. Erfolgreiche Marken verfügen über eine Reihe klar definierter Werte, die praktisch jeden Aspekt ihrer Geschäftstätigkeit beeinflussen. Wie die persönlichen Überzeugungen einer Person sollten auch die Werte einer Marke konsistent bleiben, um eine unverwechselbare Identität und einen treuen Kundenstamm zu erhalten.

Markenwerte lassen sich ermitteln, wenn Sie Ihr Unternehmen als Ganzes betrachten. Wenn es um Markenbildung geht, gibt es mehrere externe Elemente, die Ihre Identität ausmachen, darunter Ihr Ausdrucksstil, Ihre Persönlichkeit und Ihre visuelle Identität. Es ist jedoch der „interne“ Aspekt Ihrer Marke, der sich wirklich auf die Kundenbeziehungen auswirkt, indem er ein Gefühl der Vertrautheit und Affinität zwischen Ihnen und Ihren Kunden schafft. Ein wesentlicher Bestandteil Ihres Marketing-Mix ist das „Markenwerte-Element“, das die Mission, die Identität und das Wertversprechen Ihres Unternehmens bestimmt. Wie wir alle wissen, gewinnen die einprägsamsten Marken die meisten Kunden, weil sie ein klares Wertversprechen für die Zielgruppe ihrer Marke haben. Es ist wichtig, einen gut durchdachten Plan für die Vermittlung der Werte Ihrer Marke sowie eine gut definierte Markenkultur und -gemeinschaft zu haben.

Mit anderen Worten, es sind die grundlegenden Werte, für die Sie als Unternehmen bei allem, was Sie tun, stehen. Ihre Markengeschichte, Ihre Handlungen, Ihr Verhalten und Ihr Entscheidungsprozess werden von ihnen geleitet. Sie werden im Geschäftsleben schwierige Entscheidungen treffen müssen. Es ist einfacher, die richtige Entscheidung zu treffen, wenn Sie Kernprinzipien haben, die Sie immer wieder daran erinnern, was für Ihr Unternehmen und die Menschen, die Sie betreuen, am wichtigsten ist. Es ist auch angenehm, zu wissen, dass Ihre Entscheidungen auf Werten beruhen, die im Einklang mit der allgemeinen Mission und Vision Ihres Unternehmens stehen. Dies sollte selbstverständlich sein, aber Ihre Definition der Markenwerte sollte außerdem einen einzigartigen Ausdruck der Kultur und der Identität Ihres Unternehmens darstellen. Sie können nicht einfach die erfolgreiche Strategie eines anderen Unternehmens kopieren und einfügen. Lassen Sie sich von starken Unternehmen inspirieren, aber stellen Sie sicher, dass sich Ihre Grundwerte in Ihrer DNA wiederfinden.

Als Unternehmen leben Sie nach Ihren Markenwerten und ohne eine starke Markenidentität können Sie gar nichts tun. Sie beeinflusst alles - von der Art und Weise, wie Sie kommunizieren, bis hin zu den Entscheidungen, die Sie über die Zukunft Ihres Unternehmens treffen. Die Kultur und der Kundenstamm eines Unternehmens werden zum Teil durch seine Markenwerte geprägt. Die Grundüberzeugungen des Unternehmens sollten bei Kunden und Mitarbeitern gleichermaßen Anklang finden. Damit sich die Marke eines Unternehmens vom Mitbewerb abhebt, sollten auch die Werte eine einzigartige und unvergessliche Darstellung dessen sein, was den Kern des Unternehmens ausmacht.

Authentizität und Transparenz sind die Hauptmerkmale eines herausragenden Markenwerts. Die Begriffe „vage" und „Wert" kommen nicht oft im gleichen Satz vor. Achten Sie darauf, dass die Werte Ihrer Marke leicht nachvollziehbar sind, wenn Sie die Sprache wählen in der die Marke kommuniziert.

Während Netflix zum Beispiel eine Slideshow verwendet, um sich zu präsentieren verwendet Buffer (Investment – Unternehmen) Aufzählungspunkte, um seine Konzepte darzustellen.

Sie haben sich für eine Sprache, eine Art und Weise der Kommunikation entschieden, die mit dem übereinstimmen, was sie als Unternehmen sind und was sie sein wollen.

Sowohl für Kunden als auch für Mitarbeiter ist es von Bedeutung, genau zu wissen, wofür ein Unternehmen steht und wie es diese Werte in seiner täglichen Arbeit umsetzt. Denken Sie daran, dass es bei den Werten Ihrer Marke nicht um Ihr Produkt oder Ihre Dienstleistung geht, wenn Sie mit der

Erarbeitung beginnen. „Qualität" lässt sich leicht ausdrücken, wenn Sie einen wertvollen physischen Gegenstand zu verkaufen haben.

Aber es reicht nicht aus, einfach nur den besten Schokoriegel auf dem Markt herzustellen, damit Ihre Kunden immer wieder kommen.

Die Markenwerte sollten sich nicht mit Ihren Kunden oder den Unternehmen, für die sie arbeiten, verändern. Markenbildung bedeutet mehr, als nur ein hervorragendes Endprodukt oder eine erstklassige Dienstleistung zu bieten. Damit ein Unternehmen erfolgreich sein kann, muss es bei den Menschen, die es anzusprechen versucht, Vertrauen aufbauen. Eine der besten Möglichkeiten, Kunden an ein Unternehmen zu binden, besteht darin, ihnen das Gefühl zu geben, Teil der Familie zu sein. Die Grundwerte eines Unternehmens spiegeln sich in den Produkten und Dienstleistungen wider, die es anbietet, sowie in der Art und Weise, wie es seine Geschäfte führt. Um diese Werte an Ihre Zielgruppe zu vermitteln, müssen Sie diese grundlegenden Werte zunächst identifizieren und festhalten. Viele Unternehmen nehmen sich jedoch nicht die Zeit, diese Werte festzulegen und zu dokumentieren, oder sie tauchen bei der Entwicklung ihrer Markenwerte nicht tief genug in die Materie ein.

Der Prozess der Bestimmung Ihres eigenen einzigartigen Markenwerts kann herausfordernd sein. Denken sie daran, dass Sie nicht Ihre Ziele beschreiben oder wie und warum Sie diese erreichen wollen. Ein alternativer Ansatz besteht darin, sich darauf zu konzentrieren, wie sich Ihre Marke verhalten wird, solange Sie Ihren Zielmarkt bedienen. Dieses Versprechen zu brechen, wäre katastrophal. Es ist eine Verschwendung von Zeit und Geld, Begriffe zu verwenden, die wie zufällig aus einem Wörterbuch entnommen scheinen. Kunden werden sich mit einem Unternehmen identifizieren, wenn es über grundlegende Prinzipien verfügt, für die es zu kämpfen bereit ist.

## WARUM MARKENWERTE WICHTIG SIND

Wir haben schon festgestellt: Zu einer Marke gehört viel mehr als nur Ihre Produkte oder Dienstleistungen. Ihre Marke ist eine Aussage darüber, wer Sie sind und woran Sie glauben. Eine Sache sollte sich nie ändern: Ihre Markenwerte.

Ihr Logo, Ihre Produkte, Ihre Website und Ihre digitalen Marketingstrategien können und müssen sich im Laufe der Zeit ändern und dem sich ständig verändernden Umfeld ihrer Zielgruppe entsprechen.

Für die gesamte Markenidentität eines Unternehmens ist es von entscheidender Bedeutung, dass es über eine Reihe starker Markenwerte verfügt. Die visuellen und sprachlichen Teile Ihrer Markenidentität (Logo, Farben und Schriftarten) sind entscheidend, um Ihre Zielgruppe anzusprechen. Es sind jedoch die Ihrem Unternehmen zugrunde liegenden Markenwerte, die es Ihnen ermöglichen, langfristige Beziehungen zu Ihren Kunden zu etablieren. Die Wahrnehmung Ihrer Marke durch die Kunden wird stark von ihren Grundprinzipien beeinflusst. Auf dem heutigen Markt suchen die Kunden nach Marken, die mit ihren Überzeugungen übereinstimmen.

Die Kunden erwarten heute mehr von ihren präferierten Marken als nur ein auffälliges Logo oder eine gut gestaltete Website, und die Unternehmen müssen dieses Bedürfnis befriedigen, indem sie den Verbrauchern ein tieferes Engagement und eine Identifikationsmöglichkeit bieten.

Es sind Ihre Markenwerte, nicht der Name oder die Stimme Ihrer Marke, die eine echte Verbindung zu Ihren Kunden schaffen.

## WIE SIE DAS ALLEINSTELLUNGSMERKMAL IHRER MARKE IDENTIFIZIEREN KÖNNEN

So verlockend es auch ist, die Aussage über Ihre Markenwerte als eine Gelegenheit zur Betonung der Überlegenheit zu betrachten, so steckt doch viel mehr hinter den Überzeugungen eines Unternehmens als nur eine Reihe von kraftvollen Worten und Phrasen. Wenn Sie Ihrer Markenwertedefinition die nötige Wirkung verleihen wollen, reicht es nicht, aus, den Leuten zu sagen, dass Ihre Firma großzügig, rücksichtsvoll und umweltbewusst ist. Woher wissen Sie, wofür ein Unternehmen steht? Sie müssen sich überlegen, was nicht nur für Sie selbst, sondern auch für Ihre Mitarbeiter, Aktionäre, Investoren und Verbraucher am wichtigsten ist, um in Ihrem Unternehmen erfolgreich zu sein. Erfolgreiche Beispiele für Markenwerte sind schwer zu finden, da sie die Überzeugungen der Kunden widerspiegeln und gleichzeitig die Leidenschaften des Unternehmens verkörpern sollen.

Um den Prozess der Ermittlung der wesentlichen Prinzipien Ihrer Marke zu beginnen, müssen Sie über die bereits vorhandenen allgemeinen Unternehmensfloskeln hinausgehen. Diese hören sich gut an, treffen aber nicht den Kern dessen, was Ihr Unternehmen einzigartig und einflussreich macht.

Überlegen Sie, wofür Sie sich begeistern, anstatt idealisierte Begriffe zu verwenden, sodass sich Ihr Unternehmen durch seine Markenprinzipien von anderen abheben kann. Liegt Ihrem Unternehmen etwas an seinen Kunden? Wenn ja, sind Sie hier richtig. Möchten Sie Ihren Teil zum Schutz der Umwelt beitragen und etwas bewirken? Teilen Sie mit Ihren Mitarbeitern und Kunden eine Reihe von Ideen, an die Sie glauben.

Bemühen Sie sich, die Anforderungen und Erwartungen Ihrer Kunden objektiv zu betrachten und dabei auch zu berücksichtigen, was Ihre Mitbewerber zu bieten haben.

Um sich besser von Ihren Konkurrenten abzuheben, könnten Sie von einer Mitbewerberanalyse profitieren, mit der Sie herausfinden, ob es einen Bedarf an Ihrem Produkt oder Ihrer Dienstleistung gibt oder nicht.

Die Werte, die der Markt, eruiert über eine Marktforschung und Markenanalyse widerspiegelt, haben den größten Einfluss auf die tatsächliche Markenkraft eines Unternehmens. Berücksichtigen Sie, woran Ihre Kunden bereits glauben und was sie von ihren Lieblingsunternehmen erwarten, anstatt zu versuchen, sie davon zu überzeugen, dass sie in Bezug auf einen bestimmten Begriff genauso denken wie Sie selbst.

Stehen Sie für das ein, wovon Sie überzeugt sind! Wie würden Ihre Konsumenten Ihr Unternehmen einem potenziellen Kunden beschreiben? Wird Ihr Kundenservice als außergewöhnlich angesehen? Würden sie ihren Freunden nicht erzählen, dass ein bestimmtes Unternehmen die niedrigsten Preise oder die hochwertigsten Produkte außerhalb Großbritanniens hat? Versuchen Sie Markenwerte um das herum aufzubauen, was Käufer derzeit mit Ihrem Unternehmen assoziieren.

Ein personalisierter Kundenservice und E-Mail-Marketing können Ihnen beispielsweise dabei helfen, eine starke Marke aufzubauen, indem Sie zeigen, dass Sie für Ihre Kunden die Extrameile gehen wollen. Sie sollten mit allem, was Sie haben, für diese Marke kämpfen. Versuchen Sie, über den Tellerrand zu schauen, wenn es darum geht, das Kundenerlebnis zu verbessern. Das Wertversprechen einer Marke sollte sich, wie bereits erwähnt, im Laufe der Zeit niemals verändern. Um die besten Chancen auf echte Markentreue zu haben, müssen Sie an Ihren Kernwerten festhalten.

Die Beschreibung Ihrer Markenwerte sollte sich auf einige wenige wesentliche Wörter und Sätze beschränken, die Ihrem Team als Leitfaden dienen können, wenn es sie am meisten braucht. Um ein konsistentes Markenimage über alle Medien hinweg aufrechtzuerhalten, müssen Ihre Mitarbeiter mit Ihren Kernprinzipien vertraut sein, damit sie ihre Arbeit effektiv erledigen können. Als Nächstes müssen Sie sich überlegen, wie Sie Ihre Grundüberzeugungen in die Struktur Ihres Unternehmens einbinden können. Die Markenwerte sollten sich durch alle Ihre Marketing- und Branding-Initiativen ziehen. Stellen Sie sicher, dass sich Ihre Grundprinzipien auch in Ihrem Ansatz zur Kundenbindung widerspiegeln. Ein Heuchler wird von allen verachtet, auch an der Börse.

Solange Sie nicht in Übereinstimmung mit Ihren Grundüberzeugungen handeln, werden Sie keine Markentreue bei Ihren Kunden aufbauen können, was keinen guten Ansatz darstellt. Jede Entscheidung, die Ihr Unternehmen trifft, sollte von Ihren Grundprinzipien geleitet sein. Wann immer Sie und die anderen Entscheidungsträger in Ihrem Unternehmen eine Möglichkeit bewerten, fragen Sie sich und Ihre Mitarbeiter, wie gut eine bestimmte Entscheidung mit den Werten Ihres Unternehmens übereinstimmt. Von der Basis bis zur Spitze sollte die Kultur Ihres Unternehmens von Ihren Überzeugungen geprägt sein. Sie sollten ein integraler Bestandteil der Abläufe in Ihrem Unternehmen sein. Als Manager möchten Sie, dass Ihre Mitarbeiter Ihre Werte kennen und diese bei allen Tätigkeiten anwenden. Als Begründung für anzustrebendes Verhalten sollten die Werte eine Erklärung liefern, die über den Bereich der Wahlmöglichkeiten hinausgeht.

## BEISPIELE FÜR UNTERNEHMEN MIT ÜBERZEUGENDEN GRUNDWERTEN

Als Manager müssen Sie eine Reihe von Grundprinzipien aufstellen, auf die sich alle einigen und hinter denen jeder stehen kann. Und es gibt keine bessere Vorgehensweise, als erfolgreiche Beispiele anderer Unternehmen zu studieren. Denn einige der bekanntesten Unternehmen der Welt konnten sich an die Spitze kämpfen, da sie ihre Unternehmenswerte auf die effektivste Art und Weise vermittelten. Das Wertversprechen von Apple, Coca-Cola, Nike und anderen bekannten Marken hat diese Unternehmen in die Lage versetzt, eine Marketingstrategie zu entwickeln, die von ihrem Zielmarkt gut angenommen wurde. Dies ist ein geeigneter Zeitpunkt, um sich ein paar Fragen zu den Werten zu stellen, die einige Ihrer Lieblingsunternehmen und -marken auszeichnen. Lassen Sie uns untersuchen, was wir anhand einiger der besten Beispiele für Unternehmensgrundsätze von den bekanntesten Unternehmen lernen können.

**APPLE'S KERNWERTE:** Seit Jahrzehnten ist Apple für seine kreativen und zukunftsweisenden Produkte und Dienstleistungen bekannt. Auf dem Weg zum Erfolg gab es jedoch auch einige Rückschläge. Apple entwickelte 1997 die Kampagne „Think Different“, um seine Markenprinzipien für die Zielgruppe, die Mitarbeiter und die Aktionäre gleichermaßen deutlich zu machen. „Think Different" verdeutlichte, dass es das Ziel von Apple ist, Produkte von Weltklasse zu entwickeln und gleichzeitig die Technologie für die breite Öffentlichkeit zugänglich zu halten. Apple ist für seine „Qualität vor Quantität-Mentalität" bekannt, die sich auch in den Markenwerten des Unternehmens widerspiegelt. In der heutigen Welt sind die Mitarbeiter von Apple kohärenter als je zuvor und schaffen nahtlose Erlebnisse für Kunden, sowohl online als auch offline.

**NIKE'S KERNWERTE:** „Just do it" ist ein wiederkehrendes Thema in den Markenwerten von Nike. Der Slogan war ursprünglich dazu gedacht, die zunehmende Fettleibigkeit in den Vereinigten Staaten zu bekämpfen, aber er steht auch für die Werte des Unternehmens wie Mut und Ehrgeiz. „Wir wollen jeden Athleten auf diesem Planeten inspirieren und innovativ sein", so Nike in seinem Leitbild. Es sagt auch aus, dass jeder, egal welchen Körperbau er aufweist, nach den Maßstäben der Marke Nike als Athlet gilt. Folglich geht es bei Nike darum, Leistung zu fördern, Sportler zu motivieren und alle daran zu erinnern, dass sie ihre Ziele erreichen können.

**DIE KERNWERTE VON ADIDAS:** Wie man es von einem der größten Sportartikelhersteller der Welt erwarten könnte, stellt Adidas seine Grundprinzipien in den Kontext eines Wettbewerbs und betont unter anderem: „Wir spielen, um zu gewinnen." Nachfolgend finden Sie die wichtigsten Werte von Adidas:

**Bestimmung**: Durch Sport haben wir die Macht, Leben zu verändern.

**Mission:** Wir wollen das beste Sportunternehmen der Welt sein.

**Ein tieferes Verständnis:** „Athleten geben sich nicht mit dem Durchschnitt zufrieden. Und wir auch nicht. Wir haben eine klare Mission - wir wollen das beste Sportunternehmen der Welt sein. Jeden Tag machen wir uns an die Arbeit, um die besten Sport- und Fitnessprodukte der Welt zu entwickeln und zu verkaufen, den besten Service und das beste Kundenerlebnis zu bieten - und das alles auf nachhaltige Weise. Um dies erfolgreich zu tun, konzentrieren wir uns ganz auf unsere authentischen Sportmarken, die mit unseren Verbrauchern in Verbindung stehen und sie ansprechen." Es geht darum, zu gewinnen - seine Wettbewerbsposition zu verbessern, Spitzenleistungen zu erzielen - und darin stimmen die Werte von Adidas mit denen seiner Kunden überein.

**KELLOGG'S KERNWERTE:** Eine weitere ikonische amerikanische Marke ist Kellogg's. Jeder einzelne der sechs Grundwerte von Kellogg's steht für die Art von Menschen, die das Unternehmen einstellen möchte, für die Organisationen, mit denen es zusammenarbeiten will, und für die Art von Produkten, die es seinen Kunden zur Verfügung stellen möchte. Aufgrund des Engagements von Kellogg's für seine Grundwerte hat das Unternehmen zahlreiche Auszeichnungen erhalten. Kellogg's gehörte laut Black Enterprise zu den 50 besten Unternehmen für Vielfalt und wurde auch in die Listen von Diversity, Inc. der 50 besten Unternehmen für Veteranen und LGBT-Mitarbeiter im Jahr 2018 aufgenommen. Darüber hinaus wurde Kellogg's von der US-Umweltschutzbehörde zum „2030 Food Loss & Waste Champion" und von Ethisphere zu der „World's Most Ethical Company" ernannt.

Mit Tausenden von Mitarbeitern auf der ganzen Welt musste Kellogg sicherstellen, dass diese mit den Unternehmenszielen im Einklang stehen. Melissa Howell, Chief Human Resources Officer bei Kellogg‘s, erklärt, wie sie dies erreichen konnten: „Wir müssen einen Weg finden, um unsere Mitarbeiter für die Ziele von Kellogg‘s zu gewinnen. Einer der wichtigsten Aspekte dabei ist es, Verhaltensweisen zu verstärken und Erfolge zu honorieren. Da jeder sehen kann, wie die Mitarbeiter von Kellogg‘s die Gewohnheiten vorleben, die zu unserem Erfolg beitragen, ist eine globale Anerkennungsplattform eine großartige Methode, um dieses Ziel zu erreichen.“ In den ersten vier Monaten, in denen Kellogg‘s Achievers nutzte, wurden über 80.000 Anerkennungen an Mitarbeiter vergeben. Die Plattform macht es für jeden einfach, Mitarbeiter zu identifizieren, die erfolgreiches Verhalten vorleben und gleichzeitig die Kellogg‘s Prinzipien von Fairness und Integration stärken.

**JOHN LEWIS KERNWERTE:** Wenn es darum geht, ein starkes Markenwertversprechen zu schaffen, ist John Lewis ein Experte. John Lewis hat sich dank seines unerschütterlichen Engagements für seine Markenprinzipien zu einer der beliebtesten Einzelhandelsmarken im Vereinigten Königreich entwickelt. Der Gründer des Unternehmens, John Spedan Lewis, legte fest, dass sich das Unternehmen von Anfang an auf Gewinn, Macht, Mitglieder, Handelspartnerschaften und den Unternehmenssinn konzentrieren sollte. Das mag vage klingen, aber die Markenwerte von John Lewis haben das Unternehmen zu einer Organisation gemacht, die ihre Partner und Mitarbeiter über alles schätzt. Es ist eine Win-Win-Situation für alle Beteiligten! Der John Lewis-Slogan „Never knowingly undersold“ sorgt dafür, dass John Lewis den Respekt und die Liebe seiner Fans nie verliert.

**VIRGIN MEDIAS KERNWERTE:** Es gibt wahrscheinlich kein besseres Beispiel für Markenwerte als Virgin Media. Eine Studentenzeitung soll in den 1970er-Jahren der Ursprung des Namens Virgin gewesen sein. Der Gründer von Virgin, Richard Branson, hat seinen Einfluss schnell auf den Einzelhandel und die Schallplattenindustrie ausgeweitet und eine Fluggesellschaft gegründet. Doch trotz der rasanten Expansion von Virgin Media hat der „große Mann" Richard Branson an sechs Schlüsselwerten festgehalten, die die Arbeit des Unternehmens bestimmen. „Ein gutes Preis-Leistungs-Verhältnis (seien Sie niemals billig), Qualität und Liebe zum Detail (aber nicht auf Kosten der Erschwinglichkeit) und Innovation sind einige unserer Grundüberzeugungen (stellen Sie immer professionelle, fähige Mitarbeiter ein, die in der Lage sind, ein großartiges Erlebnis zu bieten)."

**GOOGLE GRUNDWERTE:** Wenn es um die Grundwerte von Google geht, ist „don't be evil" ein bekannter Satz. Die Werte von Google können zwar auf diese Weise beschrieben werden, sie erzählt aber nicht die ganze Geschichte. Zusammenfassend lässt sich sagen, dass Google die folgenden Werte vertritt:

- Konzentrieren Sie sich auf den Nutzer und alles andere wird folgen.
- Es ist am sinnvollsten, eine Sache wirklich gut zu machen, als viele mittelmäßig.
- Schnell ist besser als langsam.
- Die Demokratie im Web funktioniert.
- Sie müssen nicht an Ihrem Schreibtisch sitzen, um eine Antwort zu finden.
- Sie können Geld verdienen, ohne Schlechtes zu tun.

- Es gibt immer noch mehr Informationen da draußen.
- Das Bedürfnis nach Informationen überschreitet alle Grenzen.
- Sie können auch ohne Anzug seriös sein.
- Großartig ist einfach nicht gut genug.

Die Prioritäten von Google sind, wie man sieht, etwas anders, da es sich um ein Technologieunternehmen handelt. Genauso wenig wie Google sich über sportliche Leistungen Gedanken macht, wird sich Adidas darüber Gedanken machen, wie weit die Demokratie im Internet entwickelt ist. Ihr Ton, der weniger formell und eher philosophisch ist, spiegelt auch die Werte der Branche (und des Unternehmens selbst) wider. Sie können den Satz „Man kann Geld verdienen, ohne Schlechtes zu tun“ sowohl als Titel für einen TED-Talk als auch als Kernprinzip für Ihr Unternehmen verwenden. Dies zeigt, dass Google seine Mitarbeiter sehr schätzt und sie zu den höchsten Verhaltensstandards anhält. Um zu gewährleisten, dass die Werte des Unternehmens immer noch den Zielen und der Mission entsprechen, hat Google seine Werte seit der Gründung des Unternehmens zahlreiche Male neu bewertet.

**BMW-MARKENWERTE:** BMW-Kunden verbinden die Marke in der Regel mit hochwertigen Produkten und Dienstleistungen. Ein wichtiger Teil der Markenidentität von BMW ist mit den Waren des Unternehmens verbunden. Das Unternehmen hat sich intensiv darum bemüht, mit seinen Fahrzeugen ein Bild von Luxus zu vermitteln. Es ist der Kern der Ideale der Marke BMW, die Automobilindustrie mit den besten Waren und Dienstleistungen zu versorgen. BMW ist nicht nur ein Autohersteller, sondern auch ein Unternehmen, das Fahrerlebnisse bietet. Um diese Überzeugungen aufrechtzuerhalten, bittet das Unternehmen seine Kunden regelmäßig um ihre Meinung. Darüber hinaus legt das Unternehmen im täglichen Geschäft und im Marketing großen Wert auf Integrität, Verantwortung, Wachstum und Respekt (und behandelt jeden Kunden mit Würde und Höflichkeit). Durch die Kombination dieser Markenprinzipien entsteht die Idee einer vollwertigen Marke.

**STARBUCKS KERNWERTE:** Kaffee gibt es fast überall - von Tankstellen über Fast-Food-Lokale bis hin zum Kaffeeautomaten in Ihrem Büro. Ein Grund, warum Starbucks so großartig ist, ist die Tatsache, dass das Unternehmen etwas, das im Grunde eine alltägliche Ware war, nicht nur in eine Luxusversion verwandelt hat, sondern auch in den Marktführer. Ihre grundlegenden Ideale dienen als Wegweiser zum Erfolg.

„Wir leben diese Werte, wobei unsere Partner, unser Kaffee und unsere Kunden im Mittelpunkt stehen:

- Wir schaffen eine Kultur der Wärme und Zugehörigkeit, in der jeder willkommen ist.
- Wir handeln mutig, stellen den Status quo in Frage und finden neue Wege, um unser Unternehmen und uns selbst weiterzuentwickeln.
- Wir sind präsent und begegnen einander mit Transparenz, Würde und Respekt.
- Wir geben bei allem, was wir tun, unser Bestes und sind für die Ergebnisse verantwortlich.
- Wir sind durch die Brille der Menschlichkeit leistungsorientiert."

Es gibt Leute, die glauben, dass der Erfolg von Starbucks auf die Kultur und die Atmosphäre in den Filialen zurückzuführen ist. Wie der Vorstandsvorsitzende und frühere CEO des Unternehmens, Howard Schultz, es ausdrückte: „Wir sind in der

Branche der menschlichen Beziehungen und der Menschlichkeit tätig." In allen Idealen des Unternehmens, selbst wenn es um finanzielle Ergebnisse und das Unternehmenswachstum geht, herrscht ein fröhlicher, fast familiärer Ton, der den gemeinschaftsorientierten Geschäftsansatz von Starbucks widerspiegelt.

**LEGO-MARKENWERTE:** Wenn Sie an Lego denken, was kommt Ihnen in den Sinn? Kreativität? Spaß? Die Spielzeuge sind von hoher Qualität? Die Tatsache, dass dies der Fall ist, kommt nicht von ungefähr. Lego wollte mehr sein als nur ein Spielzeughersteller für Kinder. In einem hart umkämpften Markt musste das Unternehmen Wege finden, um sich von der Konkurrenz abzuheben, indem es Produkte und Dienstleistungen anbot, die seine Zielgruppe schätzte. Als Spielzeugunternehmen drehen sich die Markenwerte von Lego um Innovation, Spaß und Fantasie. Lego geht jedoch noch einen Schritt weiter und betont Ideale, die sowohl für Eltern als auch für Kinder attraktiv sind. So bieten die Spielzeuge beispielsweise Lernmöglichkeiten, einen ausgezeichneten Kundenservice und einen hohen Standard an Handwerkskunst. Lego ist aufgrund seiner unverwechselbaren Markenwerte der weltweit führende Hersteller von Kinderspielzeug.

FAZIT: Eine Sache, die Ihr Unternehmen niemals tun sollte, ist, einfach die Grundwerte eines etablierteren Unternehmens zu kopieren und sie als Ihre eigenen auszugeben. Auch wenn Sie bestimmte Grundsätze mit anderen Unternehmen gemeinsam haben, müssen Sie sich die Zeit nehmen, darüber nachzudenken, wer Sie als Unternehmen sind und wofür Sie eigentlich stehen, bevor Sie fortfahren. Die Arbeit eines anderen kann nicht als Ersatz für Ihre eigene herangezogen werden. Es ist wichtig zu beobachten, wie andere Unternehmen sich selbst beschreiben. Lernen Sie, wie wichtig es ist, dass die Werte Ihres Unternehmens in der Sprache vorkommen, die Ihre Kunden und Interessenten verwenden. Wenn es darum geht, Ihre Werte festzulegen, ist es wichtig, dass Sie darüber nachdenken, was für Sie von Bedeutung ist, und nicht darüber, was andere Leute gerne hören würden. Sie können zum Beispiel beobachten, wie die Branche, in der Sie arbeiten, ihre eigenen Werte verkörpert, und wie diese Werte das beeinflussen, was Sie hervorheben wollen. Sie werden erkennen, wie Ihre Überzeugungen und die Art und Weise, wie Sie diese ausleben, Ihr Produkt von einer Ware zu einem unverzichtbaren Begleiter machen können. Lassen Sie sich von diesen Marken inspirieren, wenn Sie Ihre eigenen Grundprinzipien überarbeiten oder erstellen. Für einige könnte es genau das sein, wonach sie gesucht haben.

## DIE REPUTATION IHRES UNTERNEHMENS UND WIE SIE SIE SCHÜTZEN

Ihre persönliche Marke kann Ihr Unternehmen unterstützen, aber es ist weniger klar, wie diese individuelle Marke Ihnen helfen kann, Ihre persönlichen und beruflichen Ziele zu erreichen. Ihr Ruf ist die Grundlage für Ihre persönliche Marke. Man spricht über Sie, wenn Sie nicht da sind. Ob Sie ein kleines Unternehmen oder einen riesigen Konzern leiten, dies gilt unabhängig von der Größe Ihrer Organisation. Gute Dinge, die in unserer Abwesenheit über uns gesagt werden, wirken sich positiv aus: Chancen ergeben sich, Menschen arbeiten effektiver mit uns zusammen und die Mundpropaganda übernimmt das Marketing für uns. Setzen Sie sich so in Szene, dass Sie einen Eindruck hinterlassen, der sich von all dem anderen Lärm abhebt? Was ist das Besondere an Ihnen, das den

Leuten ins Auge sticht? Man wird Sie nicht in eine Schublade mit allen anderen in Ihrem Sektor stecken können, wenn Sie eine einzigartige Perspektive haben.

Die Reputation Ihrer Marke ist der X-Faktor, der es Ihrem Unternehmen ermöglicht, Preissetzungskraft zu entwickeln, Kundentreue zu erzeugen und eine erfolgreiche Teamkultur zu schaffen, in der die Mitarbeiter ermutigt werden, den Kunden als Partner und Familie zu sehen und somit das Unternehmen weiterzuentwickeln. Grundvoraussetzung ist, dass Sie sich um einen hervorragenden Kundenservice bemühen. Ein erfolgreiches Unternehmen versteht, dass sein Produkt oder seine Dienstleistung mehr als nur eine Transaktion ist: Es geht um das Schaffen einer dauerhaften und auch belastbaren Beziehung.

In der heutigen Welt hat jeder einen überzeugenden Nutzen, eine Stimme oder eine gute kommunikative Darstellung.

Der überlegene Ruf einer Marke wird immer wieder neu verdient und bestätigt. Dadurch erhält sie ein höheres Maß an Glaubwürdigkeit. Gute Markenführung macht Kunden zu Multiplikatoren und weiten so Ihre Markenpräsenz aus.

So viel Zeit Sie auch in die Perfektionierung Ihrer Botschaft stecken, Ihre Marke liegt letztlich in den Händen Ihrer Kunden. Was Ihre Kunden über Sie denken, fühlen und wie sie sich an Sie erinnern, macht Ihre Marke aus. Was auch immer Sie bei Ihren Branding- und Marketingaktivitäten behaupten, ist bedeutungslos. Was auch immer Ihre Kunden von Ihnen denken, ist das, was Sie sind. Um großartiges Branding zu betreiben, müssen Sie nicht um den Ruf Ihrer Marke kämpfen. Wenn Sie diese Fähigkeiten beherrschen, werden Sie in der Lage sein, Ihre persönliche Marke mit der Wahrnehmung der anderen in Einklang zu bringen. Letztendlich kommt es darauf an, wie die Menschen die Marke wahrnehmen, denn ihr Erfolg oder Misserfolg hängt davon ab, wie viele Menschen Ihre Produkte oder Dienstleistungen in Anspruch nehmen wollen.

Vorausgesetzt, dass Ihr Produkt oder Ihre Dienstleistung als Trendsetter oder Innovationsführer wahrgenommen wird, erzeugt dieses Markenimage auch eine Art sozialen Druck. Menschen teilen ihre Erfahrungen mit Ihrem Produkt oder Ihrer Dienstleistung. Die Peer-Group in der sich diese Menschen bewegen will auch als versiert und gut informiert angesehen werden. Dies verstärkt ihre Markenstrahlkraft und führt zu höheren Marktanteilen. Ganz gleich, wie großartig ein Produkt oder eine Dienstleistung auch sein mag, ein Unternehmen mit einer schwachen oder mittelmäßigen Markenausstrahlung wird es schwer haben im Wettbewerb zu punkten. Eine schwache Marken-Assoziation führt zu keiner Präferenz im Markt. Sind die Markenwerte allerdings stark, so kann die Marke punkten, auch wenn sie im direkten, technischen Leistungsvergleich gelegentlich schlechter abschneidet.

Apple ist dafür ein gutes Beispiel. Es spielt keine Rolle, ob das Produkt noch Bugs hat oder der Wettbewerb ein besseres Preis-Leistungsprofil aufweist: Die Kunden werden es trotzdem kaufen, weil sie daran glauben.

Die Mehrheit der Menschen, die sich in den sozialen Medien über Marken äußern, ist nicht einmal Fan dieser Marken! Beim Branding geht es nicht nur darum, Ihre treuesten Kunden anzusprechen. Das gesamte Image und der Ruf Ihres Unternehmens müssen gepflegt werden. Auch wenn die Markenbildung eine langwierige Aufgabe ist, die Zeit braucht, um zu wachsen und sich zu etablieren, spielt es doch die größte Rolle, wie schnell Sie es schaffen, dass Kunden Ihnen vertrauen und Ihr Produkt als Lösung betrachten. Die Mission, die Vision und die Werte eines Unternehmens bilden die Grundlage für alle Branding-Bemühungen. Denken Sie daran, dass Sie nicht einmal ansatzweise eine starke Marke aufbauen können, ohne zu wissen, wer Sie sind und wo Sie stehen. Um ein Publikum anzuziehen, müssen Sie in der Lage sein, Ihre Identität zum Ausdruck zu bringen und sich von der Konkurrenz abzuheben.

Wenn Sie nicht wissen, in welche Richtung Sie mit Ihrer Firma gehen wollen oder wer Sie sind, werden Sie es schwer haben. Es ist eine gute Idee, Ihre Werte aufzuschreiben und sie irgendwo anzubringen, wo sie jeder sehen kann. Um etwas zu erreichen, brauchen Sie die Zustimmung aller Mitglieder Ihres Teams. Wenn Sie Ihre Markenstrategie auf diese Weise definieren, haben Ihre Bemühungen um den Markenaufbau eine klare Richtung und ein definiertes Ziel. Andernfalls wäre es möglich, dass Sie sinnlose Handlungen ausführen, da Sie nicht wissen, wo Sie stehen und was Sie erreichen wollen. Die Fähigkeit eines Unternehmens, sich in der Öffentlichkeit einen guten Ruf zu verschaffen, hängt direkt davon ab, wie es sich von seinen Mitbewerbern abhebt, welche Art von Botschaften es verwendet, wie es mit seinem Publikum kommuniziert und welche Wirkung es auf dieses Publikum hat. Der Markt erwartet von Ihnen, dass Sie ein Experte auf Ihrem Gebiet sind, also zeigen Sie, dass Sie es sind. Wer Sie sind und wofür Sie bekannt sind, sind zwei völlig verschiedene Dinge. Ohne eine gut definierte Markenidentität ist es unmöglich, effektiv zu werben.

Die Grundlage der Markenidentität eines Unternehmens sind seine Ziele und Werte. Vom ersten Tag an ist die Kultivierung der Identität einer Marke ein wesentlicher Bestandteil ihres Erfolgs. Viele Teile der Markenidentität, einschließlich Image, Ruf usw., entstehen erst im Nachhinein. Ihr Unternehmenssinn, oder wie ich es gerne nenne „die Essenz Ihrer Marke", ist der Eckpfeiler Ihres Unternehmens. Denn wenn Sie nicht wissen, was Ihr Lebensziel ist, wird Ihre Marke inkonsistent sein. Was Ihre Produkte sind, was diese aussagen und wie Sie sich visuell präsentieren, all das wird von der Essenz Ihrer Marke beeinflusst. So wichtig es ist, Markentreue aufzubauen, so sehr muss sich die Art und Weise wie sie die Botschaft erzählen im Laufe der Zeit ändern. Ihre Kommunikation kann von aktuellen Trends, der Wirtschaftslage und sogar dem sich ändernden Verbrauchergeschmack beeinflusst werden.

Die Kunst besteht darin, den Kern ihrer Marke immer wieder neu zu inszenieren und damit attraktiv und innovativ für den Kunden zu sein.

Die Verbraucher und Kunden suchen das Vertraute, Verlässliche und gleichzeitig auch das Neue und Innovative. Gute Markenführung versteht beide Pole in sich zu vereinen.

*Corporate soul*

My-mindguide.com

## KAPITEL 6

# EINE POSITIVE ATMOSPHÄRE AM ARBEITSPLATZ SCHAFFEN

Wenn sich die Mitarbeiter in einem inspirierenden Arbeitsumfeld befinden, ist die Wahrscheinlichkeit größer, dass sie gute Leistungen erbringen und produktiv sind. Entscheidend aber sind die Unternehmenskultur und die Führung bei der Schaffung eines produktiven Arbeitsumfelds.

Die Gestaltung Ihres Arbeitsplatzes zu einem angenehmen „Lebensort" ist ein wichtiger Aspekt, um gute Mitarbeiter langfristig zu binden. Dies wird in der Post-Corona-Ära und der Bewegung „back in office" noch an Bedeutung gewinnen. Kontinuierliche Weiterbildung unter individueller Berücksichtigung auch des Persönlichkeitsprofiles es Mitarbeiters sind ein weiterer Eckpfeiler, um wichtige Mitarbeiter zu begeistern.

Ihre Stimmung, Ihr Antrieb, Ihre geistige Gesundheit und Ihre Leistung werden durch Ihr Arbeitsumfeld beeinflusst. Mitarbeiter sind weniger geneigt, sich zu äußern, wenn sie in einer tristen Arbeitsumgebung mit unangenehmen Kollegen arbeiten. Der Erfolg Ihres Unternehmens hängt von der Förderung eines positiven Arbeitsumfelds ab.

Die Mitarbeiter sind zufriedener und produktiver, wenn sie sich in einem günstigen Arbeitsumfeld befinden. Auf diese Weise stellen Sie sicher, dass die Kultur Ihres Unternehmens die Vereinbarkeit von Beruf und Privatleben (z. B. durch die Möglichkeit des Homeoffices), den uneingeschränkten Gedankenaustausch zwischen Mitarbeitern, Management und dem gesamten Unternehmen sowie faire Urlaubs- und Freizeitregelungen berücksichtigt. Auch der Standort Ihres Arbeitsplatzes sollte bei der Schaffung einer gesunden Arbeitsatmosphäre berücksichtigt werden. Welche Detailfragen sollten Sie sonst noch im Auge behalten?

Gibt es genug Platz, damit Ihre Mitarbeiter ihre Arbeit erledigen können, ohne die Arbeit anderer zu stören? Sie müssen sicherstellen, dass Sie die Privatsphäre Ihrer Mitarbeiter schützen und gleichzeitig dafür sorgen, dass sie sich ehrlich darüber äußern, wie sie ihre Zeit bei der Arbeit verbringen. Es ist wichtig, sich zu überlegen, ob Sie Ihren Mitarbeitern einen Ort zum Entspannen und für soziale Kontakte bieten wollen oder nicht.

Die Förderung einer angenehmen Arbeitsatmosphäre geht jedoch weit über die Grenzen Ihres eigenen Büros hinaus.

Welche Möglichkeiten können Sie Ihren Mitarbeitern bieten, sich außerhalb des Büros zu spannenden Aktivitäten, die den Teamgeist fördern, zu treffen? Stellen Sie sicher, dass Ihre Mitarbeiter den Sinn Ihres Unternehmens verstehen. Haben Ihre Mitarbeiter die Möglichkeit, von zu Hause aus zuarbeiten, wenn sie krank sind oder andere dringende Verpflichtungen zu Hause haben? Wie viele bezahlte freie Tage, persönliche Tage, Krankheitstage und andere Arten von Freizeit stehen jedem Mitarbeiter zur Verfügung? Der

Erfolg eines Unternehmens hängt direkt mit der Freude und Zufriedenheit seiner Mitarbeiter zusammen. Arbeitgeber, die eine offene Kommunikation und eine ausgewogene Work-Life-Balance fördern, werden feststellen, dass ihre Mitarbeiter produktiver sind. Sie können diese Fragen nutzen, um Ihren Arbeitsplatz zu verbessern, aber das Wichtigste ist, dass Sie Ihre Mitarbeiter als Menschen und wertvollste Ressource und nicht als Betriebsmittel behandeln.

## DIE BEDEUTUNG DER SCHAFFUNG EINES POSITIVEN ARBEITSKLIMAS

Toxische Arbeitsbedingungen sind Gift für den Unternehmenserfolg. Ein toxischer Arbeitsplatz ist ein Ort, an dem die Mitarbeiter nicht in der Lage oder nicht willens sind, effektiv zu kommunizieren, oder schlimmer noch, Informationen unklar oder falsch weitergeben. Ein Mangel an Work-Life-Balance oder Freizeit kann ebenfalls ein Anzeichen für einen toxischen Arbeitsplatz sein. Ein toxisches Arbeitsumfeld ist leicht zu erkennen, wenn die Unternehmensleitung das Erreichen von Geschäftszielen auf Kosten der Mitarbeiterbindung, der Zufriedenheit am Arbeitsplatz und des allgemeinen Wohlbefindens in den Vordergrund stellt.

Mitarbeiter sind produktiver und neigen weniger zu Fehlern, wenn ihnen der Arbeitsplatz und die Atmosphäre, in die sie sich jeden Tag begeben, gefallen. Solange jeder im Unternehmen von Positivität beseelt ist, wird sich die gute Stimmung multiplizieren. Die grundlegende Wahrheit ist, dass Optimismus und Negativität beide ansteckend sind. Schlechte Arbeitsbedingungen können dazu führen, dass die Produktivität ins Stocken gerät, was wiederum zu unzufriedenen Mitarbeitern führt, die das Unternehmen letzten Endes verlassen.

Arbeitssituationen, die zu langfristigen Gesundheitsproblemen wie Stress, Angstzuständen und Depressionen führen, werden immer häufiger. Wenn es darum geht, ein gesundes und produktives Arbeitsumfeld zu schaffen, gehen energieeffiziente Designlösungen und innovative Arbeitsplatzgestaltung Hand in Hand. Zufriedenheit am Arbeitsplatz wird sich rasend schnell verbreiten, wenn sie in einer gesunden und guten Arbeitsumgebung auftritt.

## OPTIMIERUNG DES ARBEITSUMFELDS

Haben Sie keine Angst, sich von unmotivierbaren, negativ gepolten Mitarbeitern zu trennen; suchen Sie stattdessen nach optimistischen Leistungswilligen.

Die Schaffung einer gesunden Arbeitsatmosphäre beginnt mit der Einstellung der richtigen Mitarbeiter, und erfolgreiche Unternehmen wissen das. Tun Sie Ihr Bestes, um sicherzustellen, dass Ihre Mitarbeiter sozial sensibel und teamorientiert sind. Mitarbeiter, die toxischen Menschen ausgesetzt sind, neigen eher dazu, selbst toxische Eigenschaften zu entwickeln, was zu einem negativen Arbeitsumfeld für Ihr Unternehmen führt.

Die Beziehungen von Kollegen und Chefs können durch einen gepflegten und ansprechenden Arbeitsplatz erheblich verbessert werden. Bessere Stimmung, Vitalität und geistige Gesundheit stehen in direktem Zusammenhang mit erhöhter Produktivität, wenn man natürlichem Licht ausgesetzt ist. Es gibt alternative Möglichkeiten, natürliches Licht in einen Raum zu bringen, wenn Fenster nicht in Frage kommen. Die Verwendung von Glühbirnen mit blauem Licht kann dazu beitragen, die Müdigkeit zu lindern und die Stimmung sowie die Produktivität zu verbessern. In Brainstorming-Räumen ist diese Art der Beleuchtung ideal. In Konferenzräumen und Pausenbereichen sollten wärmere Farben verwendet werden, um eine ruhige und entspannte Atmosphäre zu schaffen.

Auch wenn Sie die Sonne nicht in Ihr Büro scheinen lassen können, können Sie dennoch eine beruhigende Umgebung schaffen, indem Sie es mit komfortablen Möbeln, moderner Technologie und ein paar besonderen Akzenten einrichten. Erlauben Sie Ihren Mitarbeitern zum Beispiel, von zu Hause aus zuarbeiten, wenn sie das bevorzugen. Sie können Ihren Mitarbeitern die Wahl lassen, ob sie an ihren Arbeitsplätzen sitzen oder stehen möchten und ihnen bequeme Sitze zur Verfügung stellen. Es ist eine kluge Idee, den Mitarbeitern die Möglichkeit zu geben, ihren Arbeitsplatz individuell zu gestalten, denn jeder Mensch hat einen anderen Arbeitsstil.

Achten Sie auf Ihre Interaktionen mit Ihren Kollegen. Um eine gesunde Arbeitsatmosphäre zu schaffen, sollten sowohl die Teammitglieder als auch das höhere Management darauf achten, wie sie kommunizieren. Wenn Mitarbeiter für ihre harte Arbeit gelobt werden und die Möglichkeit haben, zu sehen, wie sie zum Erfolg des Unternehmens beitragen, fühlen sie sich wertgeschätzt und sind motiviert. Die Mitarbeiter sollten ein Feedback darüber erhalten, wie ihre Arbeit zu den Gesamtzielen des Unternehmens passt. Aber nicht nur die Mitarbeiter sollten bewertet werden. Auch die Manager sollten bereit sein, Feedback anzunehmen. Außerdem würden sie sich geschätzt fühlen, wenn Sie in die Entscheidungsfindung einbezogen werden, um das Arbeitsumfeld zu verbessern. Bitten Sie die Mitarbeiter um Feedback zu neuen Vergünstigungen oder Kundenprojekten, und zögern Sie nicht, ihre Meinung einzuholen. Lassen Sie Ihre Wertschätzung für harte Arbeit durchscheinen, während Sie sich auf die Kommunikation konzentrieren. Effektive Wertschätzung der Mitarbeiter hat die Kraft, ein Unternehmen auf ein neues Erfolgsniveau zu heben. Sie gibt der Belegschaft Energie, fördert die Kreativität und steigert den Gewinn. Ein Mitarbeiter, der bei einem Projekt über sich hinausgewachsen ist oder zahlreiche Überstunden gemacht hat, wird selbst ein einfaches „Danke" zu schätzen wissen.

Machen Sie Ihren Job zu einer Quelle der Freude.
Das Leben und auch das Arbeitsleben kann man hinsichtlich folgender 3 Pfeiler definieren:

1. Grundbedürfnisse befriedigen
2. Sich selbst und seinen Sinn finden
3. Der Gesellschaft und der Welt zurückgeben.

Nahrung, Kleidung und Unterkunft sind die ersten Notwendigkeiten des Lebens.

Zweitens müssen wir herausfinden, was das Leben für uns bedeutet. Die Entdeckung einer sinnstiftenden Aufgabe ist entscheidend für Ihr Wohlbefinden und Ihr Glück. Es liegt in der Verantwortung eines jeden Unternehmens, ein Umfeld zu schaffen, in dem die Mitarbeiter dies tun können.

Das dritte Element des Lebens ist es, anderen Freude zu bereiten, was durch persönliche Höchstleistungen erreicht werden kann, denn dies bedeutet wahre Erfüllung.

Elite Airways ist ein Beispiel dafür. Meine Standardfrage, wenn ich mit ihnen fliege, lautet: „Seid ihr auf Droge?" Sie lächeln immer und machen Witze. Im Flugzeug singen die Passagiere gerne zu ihren Lieblingsliedern. Für den Anlass werden Kostüme angezogen. Sie haben Spaß und genießen ihre Zeit. Die Gewinne sind hoch und die Kosten für die Kunden bleiben niedrig. Dies ist eine bemerkenswerte Abweichung von der Norm der meisten anderen Fluggesellschaften. Auch die Konsumenten sind hiervon betroffen. Obwohl Elite Airways die gleichen Snacks und Getränke anbietet wie andere Fluggesellschaften, genieße ich sie bei Elite Airways mehr als bei den anderen Fluggesellschaften. Als Konsument spricht mich das Personal dieses Anbieters wegen der mitreisenden Lebensfreude besonders an.

Corporate soul

My-mindguide.com

# KAPITEL 7

# MITARBEITERENGAGEMENT GILT ALS DIE SEELE EINER JEDEN ORGANISATION

Sowohl für Unternehmen als auch für gemeinnützige Organisationen ist das Engagement der Mitarbeiter immer wichtiger geworden. Wenn es darum geht, einen Arbeitsplatz zu finden, suchen die Mitarbeiter von heute mehr als nur eine „9 bis 5-Stelle". Sie wollen Teil einer Gemeinschaft sein, in der sie sich für ihre Arbeit begeistern und in den Sinn und die Mission des Unternehmens oder der Organisation investieren können. Ein Unternehmen ist nur so gut wie die Menschen, die dort arbeiten. Ein positiver Einfluss entsteht, wenn sich die Mitarbeiter engagieren und mit den Zielen des Unternehmens übereinstimmen. Ein höheres Engagement der Mitarbeiter führt zu einer höheren Weiterempfehlungsrate von Produkten und Dienstleistungen und zu einer höheren Weiterempfehlungsrate von Freunden oder Familienmitgliedern für einen Job im Unternehmen.

Wenn sich die Mitarbeiter für die Ziele eines Unternehmens engagieren, können sie als die stärksten Botschafter der Marke fungieren. Es reicht nicht mehr aus, dass eine Marke einfach nur ein Produkt verkauft; die Verbraucher erwarten heute mehr als das. Sie zeigen durch ihr Kaufverhalten, dass ihnen die soziale Verantwortung einer Marke wichtig ist. Weil das Unternehmen ihren Idealen entspricht, sind sie bereit, mehr zu zahlen. Die Marken nehmen das inzwischen zur Kenntnis.

Nike verzeichnete einen Umsatzanstieg von 31 %, nachdem das Unternehmen einen umstrittenen Werbespot mit Colin Kaepernick zum 30-jährigen Jubiläum seines Slogans „Just Do It" ausgestrahlt hatte.

Es ist an der Zeit, Unternehmen mit sozialem Engagement anzuerkennen und ihnen zu applaudieren. Sie verfolgen einen neuen Ansatz in der Kommunikation, der darauf abzielt, die Menschen anzusprechen und sie zum Handeln zu inspirieren. Aber sind die Menschen, die ihnen am nächsten stehen, auch so enthusiastisch? Wenn Millennials und die Generation Z den Arbeitsplatz übernehmen, inspirieren sie ihre älteren Kollegen, es ihnen gleichzutun.

Sie erwarten mehr als nur einen Gehaltsscheck von einem Job, mit dem sie den größten Teil ihres Tages verbringen.

Wenn freiwillige Veranstaltungen und Möglichkeiten, etwas zurückzugeben, leicht zugänglich sind, berichten 89 Prozent der Arbeitnehmer von einer besseren Arbeitsatmosphäre. Sie glauben, dass ehrenamtliches Engagement für das allgemeine Wohlbefinden wichtig ist.

Fünfundsiebzig Prozent der Millennials und der Generation Z würden Gehaltskürzungen in Kauf nehmen, um für ein Unternehmen zu arbeiten, das sie für werteorientiert halten, so eine neue Studie.

Millennials und die Generation Z sind nicht die Einzigen, die sich bei der Arbeit engagieren wollen. Auch Mitarbeiter der Babyboomer-Generation suchen nach neuen Möglichkeiten, etwas zu bewirken.

Eine positive Einstellung zu Ihrer Arbeit und zu dem Unternehmen, für das Sie arbeiten, ist nur ein Teil dessen, was es bedeutet, als Mitarbeiter engagiert zu sein. Selbst wenn Mitarbeiter nicht aktiv beteiligt sind, können sie dennoch zufrieden und engagiert sein. Und genau dieses Element des Engagements ist entscheidend für die Entwicklung eines einflussreichen Unternehmens. All diese Adjektive können verwendet werden, um einen Arbeitnehmer zu beschreiben, der sich in seinem Unternehmen oder seiner Organisation stark engagiert und (vor allem) einen Beitrag leistet. Die Wirkung Ihres Unternehmens oder Ihrer Organisation wird erhöht, wenn Ihre Mitarbeiter engagiert sind. Je mehr sich Ihre Mitarbeiter für Ihre Mission engagieren, desto produktiver und leidenschaftlicher werden Sie sein.

Es ist leichter, Leute anzuziehen, die dasselbe wollen wie Sie, wenn Sie eine interessante Kultur schaffen. Auf diese Weise entsteht eine dynamische Unternehmenskultur. Sie stellen nicht nur die richtigen Leute ein, um Stellenbeschreibungen zu erfüllen, sondern auch, um die Kultur Ihres Unternehmens zu verbessern und zu stärken. Sie sollten Kandidaten, die gut zur Unternehmenskultur passen, den Vorzug geben, bevor Sie ihre Qualifikationen und Vorerfahrungen berücksichtigen. Und warum? Es ist problematisch, Personen für die benötigten Fähigkeiten auszubilden, sie aber nicht so zu schulen, dass sie zu Ihrer Firmenkultur passen. Außerdem haben Sie eine bessere Chance, motivierte Mitarbeiter an

Bord zu halten. Mitarbeiter, die eine echte Leidenschaft für ihre Arbeit empfinden, bleiben eher langfristig in Ihrem Unternehmen, weil sie bereit sind, nicht nur ihre Zeit, sondern auch ihr Herz, ihre Seele und ihren Schweiß in die Arbeit zu investieren.

Mitarbeiterzufriedenheit ist nicht dasselbe wie Mitarbeiterengagement. Ihre Mitarbeiter scheinen Spaß an ihrer Arbeit zu haben. Sie sind pünktlich, freundlich und nehmen gerne an den gemeinsamen Mittagessen mit ihren Kollegen teil. Bisher hat es keine Beschwerden gegeben. Jedoch bedeutet die Tatsache, dass Ihre Mitarbeiter Spaß an ihrer Arbeit haben, nicht automatisch, dass sie sich auch anstrengen. Es ist möglich, dass sie keine starke Bindung zu ihrer Arbeit empfinden. Zufrieden zu sein bedeutet, glücklich zu sein. Ein schöner Morgen oder ein gutes Gespräch bei der Arbeit kann zu einer positiven Lebenseinstellung führen. Wir können die positiven Auswirkungen dieser Dinge nicht leugnen. Es ist eine Sache, die Arbeitnehmer bei der Stange zu halten, und eine ganz andere, sie glücklich zu machen.

Die Zufriedenheit der Mitarbeiter ist kein Maßstab für das Engagement der Mitarbeiter. Der Prozess des Engagements endet nicht damit, dass eine Person sich zufrieden fühlt. Vielleicht haben Sie schon seit langem zufriedene Mitarbeiter. Zufriedenheit allein stellt keinen Anreiz dar, die zugewiesenen Aufgaben hinauszugehen und sich engagiert einzubringen. Ein engagierter Mitarbeiter hingegen hat stets das Beste für das Unternehmen im Sinn. Diese Menschen suchen stets nach Möglichkeiten, den Gewinn des Unternehmens zu steigern, Abläufe zu verbessern und praktikablere Lösungen zu finden.

Zufriedenheit ist eine Einbahnstraße, während Engagement eine Zweibahnstraße ist. Für eine dauerhafte Beziehung müssen Sie sicherstellen, dass Ihre Mitarbeiter ihre Arbeit mögen und sich als Teil der Zukunft des Unternehmens sehen.

Mitarbeitererfahrung und -kultur sind nicht dasselbe wie Mitarbeiterengagement. Jedoch besteht eine enge Verbindung zwischen Mitarbeiterengagement, Mitarbeitererfahrung und Unternehmenskultur. Die Erfahrung eines Mitarbeiters kann von der Unternehmenskultur beeinflusst werden. Sie beginnen vielleicht, eine aktive Rolle bei ihrer Arbeit zu übernehmen. Sie profitieren von der Unterstützung und den Ressourcen, die Sie bereitstellen. Ein erhöhtes Engagement ist die Folge. Wenn Sie die Lebensqualität Ihrer Mitarbeiter verbessern, werden sie engagierter. Infolgedessen beginnen sie, stolz auf ihre Arbeit zu sein, und sind eher bereit, sich einzubringen. Eine engagierte Belegschaft ist das Ergebnis einer positiven Mitarbeitererfahrung. Ein positives Arbeitsumfeld wiederum ist ein Nebenprodukt einer positiven Unternehmenskultur.

Engagierte Mitarbeiter ergreifen die Initiative und gehen über ihre Pflichten hinaus. Diese Energie kann zum Nutzen des Unternehmens eingesetzt werden. Als Bonus sollten Sie daran denken, dass das Engagement der Mitarbeiter ansteckend ist. Menschen sind eher geneigt, sich Ihnen anzuschließen, wenn Sie von dem, was Sie tun, begeistert sind. Das gilt sowohl für den CEO als auch für einen Manager oder einen brandneuen Mitarbeiter. Allerdings gilt dies auch im Umkehrschluss. Störende Mitarbeiter können sich nachteilig auf ihre Kollegen auswirken. Der grundlegende Faktor für Wachstum und Innovation ist also positives Engagement.

## MITARBEITERENGAGEMENT UND DESSEN EMOTIONALER ASPEKT

Wenn Menschen Geld in etwas investieren, erwarten sie, dass sie etwas zurückbekommen. Wenn Menschen emotional eingebunden werden, wollen sie helfen und etwas aktiv verbessern. Obwohl Menschen rationale Wesen sind, werden Sie vor allem von Ihren Emotionen getrieben. Auch für Personalverantwortliche kann es schwierig sein, ihre eigenen Emotionen zu kontrollieren. Wenn Mitarbeiter Anerkennung und Wertschätzung erfahren, sind sie eher bereit, ihr Bestes zu geben. Wenn sie allein sind, sind sie niedergeschlagen. Sie werden von einem Gefühl der Ermächtigung und Inspiration angetrieben. Sie arbeiten häufig in Gruppen und bauen emotionale Bindungen zu ihren Kollegen auf. Das führt dazu, dass sie sich mehr für ihre Arbeit engagieren. Ein finanzieller Anreiz allein reicht nicht aus, um Menschen in den emotionalen Aspekt miteinzubeziehen. Erinnern wir uns zurück an das Beispiel mit dem Unternehmen mit der schlechten Work-Life-Balance, dessen Mitarbeiter trotz allem zufrieden waren. Einer der Gründe war, dass ihre tägliche Arbeit einen „Sinn" hatte und zur Verbesserung der Gesellschaft und des Unternehmens beitrug. Den Mitarbeitern dieses Unternehmens ist bewusst, dass sie eine tatsächliche Veränderung bewirken. Ihre täglichen Arbeitsaufgaben dienen zu mehr als nur dem Verdienen von Unternehmensgewinnen.

Die persönliche Note einer Person kann der Arbeit, die sie leistet, hinzugefügt werden. Sie bringen mehr von sich selbst in ihre Arbeit ein, einschließlich ihrer Gefühle, ihrer Kreativität, ihrer Zeit und ihres Talents. Infolgedessen ist die Wahrscheinlichkeit größer, dass sie qualitativ hochwertige Arbeit leisten und somit die Kosten der Fluktuation gesenkt werden. Mitarbeiter, die sich emotional für ihre Arbeit engagieren, sind eher bereit, miteinander zu interagieren und zusammenzuarbeiten. Sie bilden sich eine positive Meinung über das Unternehmen, weil sie eine starke Verbindung zu diesem spüren. Daraus ergibt sich eine effektivere Form der Arbeitnehmervertretung. Mitarbeiter, die sich aktiv an ihrer Arbeit beteiligen, arbeiten nicht nur für ein Unternehmen, sondern werden zu einem integralen Bestandteil des Unternehmens. Infolgedessen beginnt das Unternehmen, die Identitäten seiner Mitarbeiter zu formen.

## WER IST FÜR DIE SCHAFFUNG EINER KULTUR DES ENGAGEMENTS AM ARBEITSPLATZ VERANTWORTLICH?

Jeder Mitarbeiter hat einen Einfluss auf die Mitarbeiterzufriedenheit des Unternehmens. Unabhängig davon, welche Position Sie in Ihrem Unternehmen innehaben, haben Sie die Möglichkeit, die Arbeitsmoral und Produktivität Ihrer Mitarbeiter zu beeinflussen. Das Engagement der Mitarbeiter wird stark von den Handlungen der obersten Führungsebene des Unternehmens beeinflusst. Eine engagierte Kultur kann von den Führungskräften angestrebt und gefördert werden. Es liegt an ihnen, mit gutem Beispiel voranzugehen und die Unternehmenswerte selbst proaktiv vorzuleben. Um das Engagement der Mitarbeiter zu verbessern, sollten sie sie über ihre bisherigen Bemühungen informieren. Die Mitarbeiter werden merken, dass ihre Führungskräfte sich um sie kümmern und sich dafür einsetzen, dass der Arbeitsplatz ein großartiger Ort zum Arbeiten ist. Das Niveau der Beteiligung wird dadurch in naher Zukunft rapide ansteigen.

Die Führungskräfte sind für alle Fragen zuständig, die ihre Mitarbeiter betreffen. Es liegt also an ihnen, dafür zu sorgen, dass ihre Mitarbeiter glücklich und gesund sind. Das Management muss alle Mitarbeiter gleich behandeln. Sie müssen darauf achten, was andere zu sagen haben und deren Ratschläge berücksichtigen. Das Vertrauen der Mitarbeiter wird gestärkt, wenn sie für ihre Arbeit anerkannt werden. Ein höheres Engagement ist eine direkte Folge davon.

Es ist ein kluger Schachzug, Ihre Mitarbeiter als Instrument zur Messung und Verbesserung der Mitarbeitererfahrung zu nutzen. So können Sie die Arbeitsmoral und Produktivität Ihrer Mitarbeiter verbessern. Wenn Sie wollen, dass Ihre Mitarbeiter zufrieden sind, müssen Sie ihnen die richtigen Werkzeuge an die Hand geben. Das Unternehmen sollte in der Lage sein, nützlichen Input von seinen Mitarbeitern zu erhalten. Beziehungen zu Kollegen können nur in einem Umfeld entwickelt werden, das sie dazu ermutigt.

## WAS KÖNNEN UNTERNEHMEN TUN, UM IHRE MITARBEITER BESSER EINZUBINDEN?

Unzufriedenheit der Mitarbeiter stellt ein großes Problem dar. Infolgedessen gibt es in vielen Unternehmen eine hohe Fluktuation. Die Wahrscheinlichkeit, dass Mitarbeiter den Arbeitsplatz wechseln, steigt, wenn die Zahl der verfügbaren Stellen wächst. Wenn ihre Bemühungen nicht anerkannt werden, scheuen qualifizierte und erfahrene Fachkräfte nicht davor zurück, den Arbeitsplatz zu wechseln. In einem Umfeld, in dem man nicht geschätzt oder motiviert wird, möchte niemand arbeiten. Deshalb ist es so wichtig, dass Sie sich um den Aufbau positiver Arbeitsbeziehungen bemühen. Nur dann werden Sie Ihre besten Mitarbeiter halten können.

Ein guter Anfang ist das Onboarding. Das Onboarding neuer Mitarbeiter ist der einfachste Ansatz, um ihre Aufmerksamkeit sofort zu gewinnen. Die Mitarbeiter haben die Möglichkeit, ihre Kollegen und die Unternehmenskultur kennenzulernen. Sie machen sich einen ersten Eindruck vom Unternehmen. Sorgen Sie daher dafür, dass sie während des Onboarding-Prozesses eine positive Erfahrung machen. Es ist möglich, mit Übungen zum Kennenlernen und zur Teambildung zu beginnen. Um die Sache zu erleichtern, sollten Sie ihnen einen Mentor zuweisen, der sie anleitet.

**SICHERN SIE EINE „PEOPLE-FIRST-KULTUR“:** Engagierte Arbeitsplätze beruhen auf einer Kultur, in der die Menschen im Mittelpunkt stehen. Diese Art von Unternehmenskultur ist flexibel und stellt die Mitarbeiter in den Mittelpunkt. Die Mitarbeiter sind stolz darauf, Teil des Unternehmens zu sein und sehen sich selbst als wertvolle Ressource. Sie können diese Kultur schaffen, indem Sie Ihre Mitarbeiter an die erste Stelle setzen. Ihre Aufgabe ist es, dafür zu sorgen, dass sich Ihre Mitarbeiter wohlfühlen, wenn sie ihre Probleme äußern, dass ihre Meinung gehört und geschätzt wird und dass sie bei der Verwirklichung ihrer beruflichen und persönlichen Ziele unterstützt werden. Es sollten menschenorientierte Maßnahmen ergriffen werden. Emotionen sind das Herzstück des Begriffs „Mitarbeiterengagement“. Fangen Sie an, Ihre Mitarbeiter in den Mittelpunkt zu stellen, wenn Sie eine starke emotionale Bindung zu ihnen aufbauen wollen.

**MARKENBOTSCHAFTER:** Machen Sie Ihre Mitarbeiter zum Gesicht der Marke Ihres Unternehmens. Die Mitarbeiter, die für das Tagesgeschäft des Unternehmens zuständig sind, sind die Einzigen, die das Unternehmen umfassend verstehen.

Stellen Sie sicher, dass die Markenstrategie Ihres Unternehmens den Respekt vor Ihrem Team beinhaltet, sodass Sie den Stolz Ihrer Mitarbeiter wecken. Im Rahmen der Diversity- und Empowerment-Kampagne von Sephora hat das Unternehmen auf die Erfahrungen seiner eigenen Mitarbeiter zurückgegriffen. Durch diese authentische Interaktion profitieren Kunden und Mitarbeiter gleichermaßen von einer echten Verbindung zum Unternehmen. „Die Mitarbeiter sind das Herz und die Seele der Marke“, sagt Michael Lastoria, der Gründer von &pizza, einem Pizzahersteller, der Wert auf gerechte Löhne für alle Mitarbeiter legt. „Behandeln Sie sie auf diese Weise, und sehen Sie, was passiert.“

**DEZENTRALISATION:** Ihre Machtstruktur muss dezentralisiert sein. Eine dezentralisierte Machtstruktur ist ein wichtiger Faktor für das Engagement der Mitarbeiter. Leistungsstarke Mitarbeiter wissen die Anerkennung zu schätzen, die sie erhalten, wenn Sie ihnen ein gewisses Maß an Entscheidungsbefugnis zugestehen. Es vermittelt ihnen ein Gefühl von Pflicht und Verantwortlichkeit. Infolgedessen sind sie eher bereit, neue, kreative Ansätze zu entwickeln.

**UNTERSTÜTZUNG BEI WICHTIGEN AUFGABEN:** Auch die Mitarbeiter sollten in den Entscheidungsprozess integriert werden. Wenn Sie Ihre Mitarbeiter in die wichtigsten Entscheidungen einbeziehen, fühlen sie sich wertgeschätzt. Dadurch setzen sie sich stärker für den Erfolg des Unternehmens ein.

**ERFOLGREICHE KOMMUNIKATION:** Die Fähigkeit, effektiv zu kommunizieren, ist entscheidend. Gute Kommunikationsmethoden haben einen positiven Einfluss auf den Erfolg eines Unternehmens. Missverständnisse und verpasste Fristen sind unvermeidlich, wenn es an Kommunikation mangelt. Die Bedeutung einer offenen Kommunikation innerhalb des Unternehmens kann nicht hoch genug eingeschätzt werden. Sie gibt den Mitarbeitern ein Gefühl der Sicherheit. Bemühen Sie sich daher um einen ständigen Dialog. Die Kommunikation außerhalb des Büros ist genauso wichtig wie die Kommunikation innerhalb des Büros, wenn es darum geht, Ihre Mitarbeiter kennenzulernen. Trainingsaktivitäten außerhalb des Büros, wie z. B. Teamausflüge, können dazu beitragen, dass sich Teams zusammenschließen und effektiver zusammenarbeiten. Brainstorming-Sitzungen sind ebenfalls ein Ergebnis dieser Art von Aktivitäten. Neben der Schaffung einer besseren Beschäftigungserfahrung gibt es auch neue Konzepte.

**STREBEN SIE NACH VIELFALT UND INKLUSION:** Das Engagement der Mitarbeiter verbessert sich, wenn der Arbeitsplatz vielfältiger ist. An einem integrativen Arbeitsplatz werden mehr Ideen entwickelt. Ihre Mitarbeiter werden kreativer, produktiver und enthusiastischer sein. Ich glaube nicht, dass diese Themen nur Trends oder Ziele sind; sie sind eine Notwendigkeit. Es ist wichtig, daran zu denken, dass Frauen über 40 % der weltweiten Belegschaft ausmachen. Sorgen Sie deshalb dafür, dass der Einbezug der Mitarbeiter alle Gruppen einschließt. Beginnen Sie am Anfang des Einstellungsprozesses. Solange sie beschäftigt sind, sollten Arbeitnehmer zu keinem Zeitpunkt Vorurteilen ausgesetzt sein. Geschlecht, ethnische Zugehörigkeit, Sprache, Alter oder Kultur sollten keine Rolle dabei spielen, wie eine Person wahrgenommen wird. Das wird jeden im Unternehmen dazu ermutigen, mehr beizutragen, ohne Angst vor Vorurteilen zu haben.

**ANERKENNUNG UND BELOHNUNG VON LEISTUNGEN:** Wenn Mitarbeiter sich ihres Wertes bewusst sind, sind sie zufriedener und produktiver. Sie sind stolz auf ihre Arbeit, da sie wissen, dass sie dem Unternehmen zugutekommt. Daher sind Sie es Ihren Mitarbeitern schuldig, ihnen zu zeigen, dass Sie ihre Bemühungen zu schätzen wissen. Erkennen Sie die Bemühungen Ihrer Mitarbeiter immer an, egal wie bescheiden sie auch sein mögen. Setzen Sie auf die bewährten Methoden der Ehrung des Mitarbeiters des Monats oder des Mitarbeiters des Jahres. Auszeichnungen für die Verdienste Ihrer Mitarbeiter sind eine großartige Möglichkeit, Ihre Wertschätzung für ihre Zeit in Ihrem Unternehmen zu zeigen. Die Anerkennung unter Kollegen sollte gefördert werden und außergewöhnliche Leistungen sollten rechtzeitig und aufrichtig gelobt werden. Wenn man für ein Unternehmen arbeitet, in dem die eigenen Bemühungen nicht anerkannt werden, kann das den Enthusiasmus und die Motivation dämpfen. Es braucht nicht viel Ermutigung und Motivation für Ihre Mitarbeiter, wenn sie ein einfaches „Danke“ hören.

**PLANEN SIE VIELE MÖGLICHKEITEN FÜR DIE BETEILIGUNG DER MITARBEITER:** „Meinen Teil beitragen“ kann bedeuten, sich an einem Gemeinschaftsgarten für andere zu beteiligen. Es kann alles bedeuten, von der Spende von Geldmitteln an eine Organisation, die Sie unterstützen wollen, bis hin zur Spende Ihrer Zeit und Ihres Fachwissens, um ein dringendes Problem einer kleinen lokalen gemeinnützigen Organisation zu lösen. Machen Sie Ihren Mitarbeitern klar, dass Sie daran glauben, dass sie einen positiven Unterschied in der Welt machen können. Novo Nordisk engagiert sich stark für die Gemeinden, in denen das Unternehmen tätig ist. Die Mitarbeiter des dänischen Pharmaunternehmens erhalten nicht nur 10 bezahlte Tage pro Jahr, um sich ehrenamtlich im Unternehmen zu engagieren, sondern das Unternehmen bindet die Freiwilligenarbeit auch in Betriebsausflüge ein, hat ein Team für soziales Bewusstsein, das gemeinnützige Projekte organisiert, und verfügt sogar über ein digitales Portal, das den Mitarbeitern hilft, Freiwilligeneinsätze zu finden, die zu ihnen passen. Patagonia, ein Unternehmen, das für sein Engagement bekannt ist, bietet seinen Mitarbeitern eine Vielzahl von Möglichkeiten, sich zu engagieren, darunter ein Praktikumsprogramm für den Umweltschutz und eine „Bike to the Workweek". Anpassungsfähigkeit und Vielfalt sind entscheidende Faktoren. Einige Bedürfnisse können digital erfüllt werden, aber andere erfordern eine Interaktion in der physischen Welt.

**VERBREITEN SIE DIE BOTSCHAFT:** Es ist wichtig, dass Sie Ihren Mitarbeitern die Möglichkeit geben, sich auch außerhalb eines Geschäftstreffens kennenzulernen. Die Produktivität eines jeden Menschen steigt um das Siebenfache, wenn er Kollegen hat, mit denen er sich bei der Arbeit austauschen kann. Wenn Menschen sie selbst sein können, sind sie in der Lage, ihr Bestes zu geben. Sie sollten stolz auf Ihre Marke sein. Eine sozial bewusste Marke ist mehr als nur ein Slogan, sie fördert das Zugehörigkeitsgefühl ihrer Kunden. Sowohl die Verbraucher als auch die Mitarbeiter profitieren von einem einladenden und integrativen Umfeld.

## KAPITEL 8

# DIE KONZENTRATION AUF INNOVATION GILT ALS SEELENSUCHE (KREATIVITÄT UND INNOVATION SIND DAS HERZ UND DIE SEELE EINES UNTERNEHMENS)

Um in der Unternehmenswelt erfolgreich zu sein, muss man immer auf dem neuesten Stand bleiben. Es ist ein dynamisches Umfeld, in dem Unternehmen ihre langfristige Profitabilität erhalten können. Die Fähigkeit, über den Tellerrand zu schauen, ist eine absolute Notwendigkeit. Um gegenüber der Konkurrenz zu bestehen, sind Kreativität und die Bereitschaft ungewöhnliche Ideen zu wagen, ratsam. Kreatives Denken ist für diese Unternehmen von entscheidender Bedeutung, denn es hilft ihnen, ihre Konkurrenten im Wettlauf ums Überleben und um Innovation zu übertreffen.

### WIE SICH KREATIVITÄT AUF IHR UNTERNEHMEN AUSWIRKT

Wenn Sie bei der Arbeit kreativ sind, haben Sie die Möglichkeit, in Ihrem Bereich eine Vorreiterrolle zu übernehmen. Kreatives

Denken bietet eine neue Perspektive auf ein bestehendes Problem, denn es ermöglicht, die Dinge aus einem anderen Blickwinkel zu betrachten. Wenn Sie mit frischen und innovativen Ansätzen Erfolg haben, können Sie andere dazu inspirieren, das Gleiche zu tun. Neue Ideen und Konzepte werden ausprobiert, um zu sehen, ob sie die Leistung und die Abläufe in Ihrem Unternehmen verbessern können.

Es gibt viele Fälle, in denen unsere Arbeitsplätze trist sind. Kreatives Denken bei der Arbeit führt dagegen zu einer Reihe von Vorteilen. Machen Sie Ihre Arbeitsabläufe effizienter, beheben Sie Mängel in der Struktur Ihres Unternehmens, sodass Sie verbesserte Mechanismen schaffen können, die die Gesamteffizienz an Ihrem Arbeitsplatz optimieren, indem Sie Redundanzen in den Abläufen beseitigen. Ihr gesamtes Team wird offener für neue Ideen sein, wenn Sie die Kreativität am Arbeitsplatz fördern, sodass neue Entwürfe und Konzepte getestet werden können, anstatt sich dagegen zu wehren.

Hinterlässt einen bleibenden Eindruck: Die reinste Form von Kreativität und Innovation bringt etwas Neues in die Welt. Ein ganz neues Produkt oder eine neue Dienstleistung kann das Ergebnis dieser Bemühungen sein, aber auch ein einzigartiger Geschmack, ein Upgrade oder eine Verbesserung des vorherigen Modells. Wenn Sie auf diese Weise vorgehen, werden viel mehr Menschen daran interessiert sein, mehr über Ihr Angebot zu erfahren! Je mehr Menschen Sie auf Ihr Unternehmen aufmerksam machen können, desto besser geht es Ihnen auf lange Sicht. Das gilt aber auch für Ihr Marketingteam, das sich neue und aufregende Strategien ausdenken kann, um die Zielgruppe für Ihre Produkte und Ihre Dienstleistungen zu begeistern.

Eine Corporate Identity mit Strahlkraft: Unternehmen, die für ihre Kunden nicht relevant bleiben, werden irgendwann aussterben. Unternehmen hingegen, die den kreativen Prozess am Laufen halten und ihre Produkte und Dienstleistungen innovativ gestalten, werden ihren Zielgruppen immer etwas zu bieten haben. Über einen kreativen Markenauftritt zu verfügen, sowie eine kreative Kommunikation zu pflegen ist somit kein Luxus, sondern absolute Notwendigkeit.

Sie entwickeln eine Lernkultur: Damit Lernen stattfinden kann, müssen Kreativität und Innovation sinnvolle neue Antworten auf bestehende Probleme hervorbringen und Schwierigkeiten auf eine bessere Weise bewältigen.

Da Unternehmen neue und bessere Lösungen schaffen, prägen diese auch die gesamte Gesellschaft. Somit entsteht Fortschritt, der weit über das Unternehmen hinauswirkt.

Dies hat auch sozial einen weitreichenden Einfluss, in welchem Gruppen Bewusstsein geschärft wird und neue Ideen und Konzepte implementiert werden.

Sie entwickeln eine Innovationskultur

Eine Innovationskultur kann Kunden zu Fans machen.

Es liegt in unserer Natur, dass wir neue Erfahrungen und Erlebnisse suchen.

Wir sind getriggert von äußerlichen Reizen und ständig auf der Suche nach neuen Ausdrucksformen und einem besseren Leben. Viele Modemarken bedienen dieses Bedürfnis hervorragend mit ihren wechselnden Kollektionen.

Jedes Unternehmen kann aber von diesem Ur-Bedürfnis profitieren, wenn es innovativ und kreativ agiert. So schafft die

Apple Inc. es Jahr für Jahr, dass ihre Kunden sich neue iPhones zulegen, obwohl die alten noch voll funktionstüchtig sind.

Auch sie haben die Chance, durch Innovation und Kreativität eine Spannung und eine Erwartungshaltung zu erzeugen aus der sich eine lebenslange Markentreue entwickeln kann. Nicht nur eine Transaktion, sondern langfristige, für beide Seiten vorteilhafte Verbindungen sind das Ziel.

Erfolgreiche Unternehmen behandeln ihre Kunden wie eine Familie. Aus diesem Grund haben sie eine Strategie, um ihnen zum richtigen Zeitpunkt Verbesserungen zu bieten.

Eine gelebte Innovationskultur führt fast zwangsläufig auch dazu über den Tellerrand seines eigenen Produktes oder Dienstleistungsportfolios hinauszublicken. Was können wir mit unseren Ressourcen, mit unseren Werten besser als die derzeit am Markt befindlichen Produkte und Lösungen? Dieses Denken führt in der Folge zu größeren Marktanteilen und neuen Geschäftsfeldern und damit zu einer dynamischen Entwicklung.

Dieses große Bild ist zwar richtig, aber es ist auch wichtig, sich immer wieder daran zu erinnern, dass die Kreativität am Arbeitsplatz grenzenlos ist und in allen Formen auftreten kann.

Daher sollte der kreative Prozess niemals behindert oder vernachlässigt werden, um Potentiale voll ausschöpfen zu können.

Höhere Wertschöpfung: Es ist unbestreitbar, dass die Nutzer Ihrer Produkte und Dienstleistungen sie in vielerlei Hinsicht belohnen werden, wenn Sie kreativ und innovativ sind.

Kluges Innovationsmanagement sorgt dafür, dass die Innovation schon vor dem endgültigen Launch viral geht. Sie schaffen damit ein Erwartungs-Management und einen Spannungsbogen und binden ihre Zielgruppe an sich. Auf diesem Klavier spielt Apple virtuos.

Man wartet auf ihr Produkt, auf ihre Lösung, um erst dann eine Kaufentscheidung zu treffen. Diese Bindung zu ihren Kunden schlägt sich dann in höheren Verkaufszahlen und auch höheren Deckungsbeiträgen nieder.

Mitarbeiter-Begeisterung: Die Komposition Ihrer wichtigsten „Ressource-Mitarbeiter" ist von entscheidender Bedeutung für Ihren Unternehmenserfolg:

1. Perfekte Repetition von Geschäftsprozessen:
   Hier sind Mitarbeiter für die Struktur, Sicherheit, Verlässlichkeit, Genauigkeit oberste Prämissen.

2. Kommunikativen Flow gestalten:
   Dies geht von Verkauf bis hin zu Service, von Werbung bis zu Marketing. Mitarbeiter mit organisatorischen, sozialen und kommunikativen Fähigkeiten sind hier gefragt.

3. Organisation und Optimierung:
   Mitarbeiter, die organisieren, strukturieren, leiten und Geschäftsprozesse skalieren können.

4. Disruption und Innovation:
   1-3% der Belegschaft. Die Innovationstreiber

Diese Komposition der Belegschaft schließt aber keinesfalls aus, dass Innovationen nicht auch aus der Gruppe 1 kommen können. Die Art der Innovationen wird aber höchstwahrscheinlich in der Optimierung der Abläufe liegen. Eine Voraussetzung für Innovationskultur ist es monotone, repetitive Abläufe so umzugestalten, dass Abwechslung und Herausforderung geboten wird.

Monotonie führt oft dazu, dass Weiterbildung vernachlässigt wird. Die Weiterentwicklung Ihrer Belegschaft nimmt durch diese Veränderungen ab. Kreativität und Innovation bringen jedoch neue Erkenntnisse, neue Ziele und neue Zielsetzungen mit sich. Das belebt Ihr Team und macht den Übergang zu einer neuen Arbeitsweise für sie spannend. Mit jedem neuen Tag kommt eine neue Herausforderung, und das sieht man ihnen an.

Nachhaltigkeit auf lange Sicht: Unternehmen können sich an neue Probleme anpassen und sie bewältigen, wenn sie kreatives Denken in ihren Betrieben fördern.

Die Einstellung, niemals aufzugeben, lässt sich jedoch durch Teamarbeit und eine Unternehmensleitung entwickeln, die ihre Mitarbeiter dazu ermutigt, in die Fußstapfen ihrer Führungskräfte zu treten. Hier können alle ihr Bestes geben und dem Unternehmen auf jede erdenkliche Weise helfen. Dadurch sind sie gut gerüstet, um mit neuen Entwicklungen und deren Einfluss auf ihre Arbeit umzugehen. So sind sie in der Lage, auch in schwierigen Situationen durchzuhalten und sich den Herausforderungen zu stellen.

Transformation des Unternehmens: Dank unserer Fähigkeit zur Erfindung, Entwicklung und Gestaltung ist es uns möglich, dieses Universum mit neuen Farben zu füllen. Wenn Sie Ihren kreativen Prozess ankurbeln und Ihre Rädchen regelmäßig in Bewegung halten, können Sie sich von Zeit zu Zeit neu erfinden. So bleiben sie über einen langen Zeitraum lebendig und aktiv.

Coca-Cola, JC Penney, Target und General Electric sind allesamt fantastische Beispiele für Unternehmen, die den Test der Zeit überlebt haben, weil sie kreativ geblieben sind.

Viele Unternehmen definieren sich heute über Innovation und Kreativität.

Dies hat eine ganz neue Branche entstehen lassen: von Unternehmen, die Kreatives präsentieren und bewerten bis hin zu Unternehmen, die Kapital für kreative Ideen vermitteln.

Werfen Sie zum Beispiel einen Blick auf **Micro-Influencer** und Produktrezensenten. Sie verfügen über eine Menge Informationen darüber, was es Neues gibt und was in ihrem Portfolio erscheint. So verdienen sie eine Menge Geld, indem sie ihr Publikum auf zahlreichen Plattformen mit Informationen und Unterhaltung versorgen. Wenn Innovation zur täglichen Routine gehört, ist ein Unternehmen nicht mehr aufzuhalten.

Inspiriert die Kreativität: Viele neue Erfindungen sind durch menschlichen Einfallsreichtum und Erfindungsreichtum entstanden, und **zum Beispiel auf Kickstarter – einer der Crowdfunding Plattformen** können Sie eine ganze Reihe von Gründern entdecken, die um Kapitalgeber für ihre neuesten Konzepte und Ideen werben. Laut Kickstarter-Daten haben mehr als drei Viertel der Kickstarter-Projekte ihr Finanzierungsziels erreicht, und sind anschließend zu erfolgreichen Unternehmen geworden.

Ihre Fähigkeit, zu begeistern, ist alles, was zählt. Als Menschen sind wir ständig auf der Suche nach etwas Neuem.

Selbst wenn sie Hilfe beim akademischen Schreiben benötigen, können Sie sich heute an Spezialisten wenden, die Ihnen beim Verfassen von Essays online helfen können.

Wettbewerbsvorsprung schaffen: Die modernsten und aktuellsten Produkte und Dienstleistungen werden als innovativ und neuartig bezeichnet. Kreativität und Innovation sind essentiell, um die im Wettbewerb zu bestehen.

Ein kreativer Ruf schafft den Erwartungshorizont und allein dieser Erwartungshorizont kann Kaufentscheidungen beeinflussen. Deshalb ist Innovationskultur heute ein wichtiges Entscheidungskriterium für Geschäftskunden, aber auch Verbraucher.

Markentreue muss durch Innovationkultur verdient werden.

## STRATEGIEN FÜR ANHALTENDE INNOVATION

Um Innovation nachhaltig zu fördern, müssen Sie ein starkes Missionsbewusstsein kultivieren, das kreative Potenzial Ihrer Mitarbeiter freisetzen und ihnen die Kunst beibringen, unkonventionelle Chancen zu erkennen und zu ergreifen. Hier sind sieben Wege, wie Sie die Innovation in Ihrem Unternehmen lebendig und erfolgreich halten können. Mit der Zeit zu gehen, ist in der heutigen Unternehmenswelt eine Notwendigkeit. Und obwohl ein bahnbrechendes Produkt oder Konzept einem Unternehmen einen Vorsprung vor der Konkurrenz verschaffen kann, ist ein solcher Vorteil in der heutigen schnelllebigen Zeit meist nur von kurzer Dauer.

Große Durchbrüche in der Produkt- oder Dienstleistung sentwicklung fesseln oft die Aufmerksamkeit der Kunden, aber die täglichen schrittweisen Innovationen der

Mitarbeiter sind es, die das Wachstum eines Unternehmens auf lange Sicht sichern. Die Entwicklung eines kollektiven Zielbewusstseins, die Freisetzung der Kreativität Ihrer Mitarbeiter und die Ermutigung, unerwartete Möglichkeiten zu entdecken, sind der Schlüssel zu langfristiger Innovation. Mitarbeiter an vorderster Front sind in der Lage, neue Ideen umzusetzen, wenn sie ein klares Verständnis von der Vision des Unternehmens haben.

Es ist die Aufgabe der Führungskräfte, ein Klima zu schaffen, das langfristige Innovationen fördert. Das Problem ist, dass, wenn ein Unternehmen wächst, die Managementstrukturen und die Bürokratie, die die Expansion lenken sollen, dazu neigen, kleinere Optimierungen zu behindern. Das ist problematisch. Auch wenn es Ausnahmen gibt, sind Einzelpersonen in größeren Unternehmen weniger geneigt, eigenständig zu handeln oder revolutionäre Ideen einzubringen, weil sie sich von der Funktion der Innovation getrennt fühlen.

### Es herrscht oft das Paradigma der Optimierungs- statt der Innovationskultur

Es muss eine Verpflichtung von oben nach unten geben, um eine Kultur der Innovation zu fördern. Als Führungskraft müssen Sie Ihre persönlichen Vorurteile über Innovation und die Rolle, die sie bei der Gestaltung der Kultur Ihres Unternehmens spielen, hinterfragen.

Sie müssen in der Lage sein, den Wert sowohl inkrementeller als auch signifikanter Erfindungen zu erkennen, die Psychologie der Innovation zu begreifen und die Führung bei der Förderung einer Innovationskultur zu übernehmen. In jedem anderen Fall käme es zu einer Fehlentwicklung.

Unabhängig von der Größe Ihres Unternehmens oder Ihrer Organisation gibt es eine Reihe von Maßnahmen, die Sie ergreifen können, um ein Umfeld zu schaffen, das kreatives Denken.

Machen Sie sich klar, wohin die Reise gehen soll.

Ein Kulturwandel erfordert einen Perspektivenwechsel, der Zeit braucht. Doch wie bei jedem Vorhaben hilft ein klares Verständnis des Ziels, den Prozess zu beschleunigen. Die Kreativität der Menschen kann durch das Leitbild einer Organisation strukturiert und gelenkt werden. Was ist das Ziel der ständigen Innovation in Ihrem Unternehmen?

Unabhängig vom Grund sollte das Ziel darin bestehen, die Kundenzufriedenheit mit dem bereits auf dem Markt befindlichen Produkt oder der Dienstleistung zu erhöhen. Es ist für alle leichter, sich auf die Innovation zu konzentrieren, wenn die Botschaft kristallklar ist.

Peter Druckers Definition von Innovation ist „**die Entwicklung einer neuen Leistungsdimension**". Ein klares Verständnis des eigenen Ziels hilft dabei, die eigenen Bemühungen zu fokussieren und zu entscheiden, ob neue Ideen verfolgt werden sollen.

Eine Kultur des Vertrauens wird durch eine offene Kommunikation zwischen dem Management und den Mitarbeitern des Unternehmens gefördert. Um eine neue, vertrauensvollere Arbeitsplatzkultur zu schaffen, können Sie nicht erwarten, dass Ihre Mitarbeiter den ersten Schritt allein tun. Die Mitarbeiter werden von der Unternehmensleitung ermutigt, offen mit ihren Chefs zu kommunizieren. Die Führungskräfte innovationsfördernder Unternehmen bieten eine Vielzahl von Kanälen für die Kommunikation mit ihren Mitarbeitern. Was die Führungskräfte betrifft, so kann sich nicht jedes Unternehmen eine uneingeschränkte Politik der offenen Tür leisten, aber jedes Unternehmen kann Maßnahmen ergreifen, um sicherzustellen, dass sich die Mitarbeiter an der Front gehört fühlen. Mittagessen mit dem CEO, monatliche Abteilungsbesprechungen zwischen Mitarbeitern und dem Geschäftsführer und offene Intranetforen für Ideenaustausch und Feedback sind alles Beispiele dafür, wie Führungskräfte ihre Bereitschaft zeigen können, neue Ideen von denjenigen anzuhören, die dem Verbraucher am nächsten stehen.

Es ist nicht die Größe Ihres Unternehmens, die Ihre Innovationsfähigkeit einschränkt, sondern es sind die vorhandenen Mechanismen, die Sie daran hindern. Die Bürokratie ist ein großes Hindernis für Fortschritt und Innovation. Aufgrund ihrer geringeren Größe sind Unternehmen mit weniger Bürokratie häufig besser in der Lage, neue Ideen schneller umzusetzen. Die Inspiration kreativer Gedanken wird durch einen schnelleren Umsetzungsprozess begünstigt. Lassen Sie Ihre Gedanken einen Moment lang schweifen.

Erreichen Sie ein Gefühl der Zugehörigkeit. Ein Gefühl der Verbundenheit motiviert kreatives Denken. Es fällt viel leichter, sich für eine Sache einzusetzen, wenn man weiß, wie die eigenen Interessen und die des Unternehmens miteinander verwoben sind. Anreize wie Aktienbesitz sind wichtig, wenn nicht sogar entscheidend für die Mitarbeiterbindung. Eine Gewinnbeteiligung ist zwar ein guter Anreiz, reicht aber nicht aus, damit sich Ihre Mitarbeiter wie Eigentümer fühlen. Die Mitarbeiter verhalten sich eher passiv und reaktiv, wenn sie nicht verstehen, wie sich ihr Handeln auf den Gewinn des

Unternehmens auswirkt. Jeder Mitarbeiter sollte wissen, wie seine Arbeit zum Gesamterfolg des Unternehmens beiträgt. Southwest erlaubte den Piloten, ihre eigenen Strategien zur Reduzierung des Treibstoffverbrauchs zu entwickeln, weil sie am besten wussten, was funktionieren würde. Den Piloten war klar, dass sich ihr Handeln direkt auf den Gewinn des Unternehmens und schließlich auch auf ihre eigenen Aussichten auswirkte.

Sorgen Sie für ein konstantes Maß an Wertschätzung und Belohnung für Ihre Mitarbeiter. Wenn nur die Person oder das Team, das für die „große Idee" oder deren Umsetzung verantwortlich ist, belohnt wird, entsteht ein subtiler Wettbewerb, der geringere, weniger dramatische, Fortschritte hemmt. Teams, die miteinander um Anreize konkurrieren, können die teambasierte Vergütung sogar unwirksam machen. Die funktionsübergreifende Zusammenarbeit, die für das Erreichen von Spitzenleistungen unerlässlich ist, wird durch diese Anreize behindert. Unternehmen, die effektiv eine Innovationskultur kultivieren, tun dies, indem sie Anreize schaffen, die die gewünschte Kultur unterstützen. Wenn Ihr Unternehmen Wert auf integrierte Lösungen legt, können Sie Teamleiter nicht danach bezahlen, wie gut ihre Einheiten abschneiden. Es ist unmöglich, kurzfristige Erfolge zu feiern, wenn sich Ihr Unternehmen ausschließlich der Entwicklung der nächsten Generation von Führungskräften verschrieben hat.

Die Förderung neuer Ideen hängt stark von der Akzeptanz eines gewissen Scheiterns ab, das ein wesentlicher Aspekt des Fortschritts ist. Innovation ist ein Risiko. Um Mitarbeiter dazu zu ermutigen, Risiken einzugehen, müssen Manager ihre

Ziele klar kommunizieren, einen flexiblen Rahmen bieten und akzeptieren, dass Fehler nur Schritte im Lernprozess sind. Toyotas Produktionssystem befähigt die Mitarbeiter an der Front, Qualität zu managen und Innovationen einzuführen. Wenn ein Mitarbeiter einen Bereich sieht, in dem seine Arbeit verbessert werden kann, hat er die Freiheit, die notwendigen Änderungen vorzunehmen. Wenn die neue Idee funktioniert, wird sie in die Praxis umgesetzt; wenn nicht, wird sie als Lehre aus früheren Misserfolgen beiseitegelegt. Der Aufbau von Vertrauen ist einer der wichtigsten psychologischen Vorteile von Toyotas Ansatz. Mitarbeiter, die Vertrauen in ihre Vorgesetzten haben, sind eher bereit, kalkulierte Risiken einzugehen, die dem Unternehmen zugutekommen könnten.

Sie müssen sich in kreativem Verzicht üben, wenn Ihr Unternehmen innovativ ist. Um Platz für neue, zukunftsweisende Initiativen zu schaffen, sollten veraltete Projekte und Methoden auf Eis gelegt werden. Kein Unternehmen möchte Geld verschwenden, aber die Zeit und die Energie, die die Mitarbeiter in ihre Arbeit stecken, sind unwiederbringlich, wenn sie die Dinge weiterhin auf dieselbe Art und Weise erledigen wie bisher. Optimismus ist eine Voraussetzung für neue Ideen. Es geht um eine Mentalität, in der alles möglich ist, und den Drang, immer besser zu werden. Es ist unmöglich, eine positive Einstellung zu entwickeln, wenn Mitarbeiter sich verpflichtet fühlen, in Aufgaben zu verharren, die keine Wirkung haben.

## WIE MESSEN SIE INNOVATIONSERGEBNISSE UND -RESULTATE UND WIE MOTIVIEREN SIE DIE ORGANISATION, IN ALLEN PHASEN DES PROZESSES LEISTUNG ZU ERBRINGEN?

Unternehmen müssen auf Innovationen vorbereitet sein, und viele sind es auch, da sie sich mit Lichtgeschwindigkeit auf neue Technologien stürzen.

Dennoch kann die Messung der Innovation eine Herausforderung sein. Der erste Schritt bei der Entwicklung eines Programms zur Messung von Innovationen ist die Definition dessen, was Innovation für das Unternehmen bedeutet. Sie können eine Innovation als eine neue Idee, ein neues Gerät oder einen neuen Ansatz beschreiben. Es ist nicht ungewöhnlich, dass sich der Begriff „Innovation" auf die Entwicklung neuer Produkte oder Dienstleistungen bezieht, um bisher nicht erkannte Marktbedürfnisse zu erfüllen. Damit diese Definition zutreffend ist, müssen Sie in der Lage sein, Lösungen zu identifizieren und zu bewerten, die einem Unternehmen helfen, neue oder bestehende Anforderungen effektiver zu erfüllen. Jede Art von Technologie, auch wenn sie nicht ganz neu ist, kann auf diese Weise genutzt werden - eine, die es wert ist, in Betracht gezogen und in Ihre Innovationsmetrik aufgenommen zu werden.

Obwohl die Definition von neuer Technologie schwieriger zu ermitteln ist, kann es sich lohnen, sie zu erforschen. Eine innovative oder fortschrittliche Technologie wird mit kreativem Denken kombiniert, um neue Ideen auf eine neuartige Weise auf den Markt zu bringen. Es ist immer noch eine Herausforderung festzustellen, wie gut ein Unternehmen in Bezug auf Innovation abschneidet, ohne dafür Kennzahlen zu definieren oder zu verwenden. Die Messung komplexer Ergebnisse kann durch die Entwicklung von Früh- und Spätindikatoren und durch die Auswahl von Kennzahlen, die die Schaffung neuer Lösungen fördern, erfolgen.

Innovative Bestrebungen oder „Innovation" ist in diesem Fall das nachlaufende Signal, wobei ein Anstieg des Einkommens als Ergebnis der Innovation der wichtigste Leistungsindikator ist. Um die Leistung in diesem Bereich zu messen, müssen zunächst Frühindikatoren ermittelt und vereinbart werden, über die dann berichtet wird und die über einen bestimmten Zeitraum verwendet werden, um die Auswirkungen der Innovationsbemühungen zu messen und die Innovation innerhalb des Unternehmens voranzutreiben.

Ein weiterer Schritt zur Messung der Innovation ist die interne Abstimmung darüber, welche Aspekte des Unternehmens auf dem heutigen Markt nicht effektiv sind und von einer Innovation profitieren könnten.

Nicht immer steht eine neue Technologie im Mittelpunkt der Innovation, sie kann sich auch auf eine Änderung der Geschäftsstrategie beziehen. Es ist wichtig, die aktuellen Geschäftsprozesse zu untersuchen und zu prüfen, ob sie durch Prozessumwandlung oder neue Technologien verbessert werden können, nachdem neue Geschäftsmethoden, die neue Technologien nutzen, in Betracht gezogen wurden. Innovative oder transformative Unternehmungen, wie die Entwicklung einer Liste neuer Technologien, sollten auf der Grundlage ihrer Auswirkungen auf diese Bereiche bewertet werden.

Während des gesamten Prozesses der Entwicklung einer Methode zur Messung von Innovation werden auch viele kreative Maßnahmen eingeführt. Sie führen eine Sprache ein, die das Unternehmen verwendet, um den Erfolg zu beschreiben, wodurch sich die Art und Weise verändert, wie der Erfolg dem Unternehmen gemeldet wird. Wenn Sie verstehen, wie viel Zeit die Mitarbeiter für die Ideenfindung aufwenden, wie viel Umsatz durch erfolgreiche Ideen erzielt wird und wie viel Umsatz durch die Einführung neuer Technologien und Prozesse generiert wird, eröffnen sich dem Unternehmen neue Möglichkeiten zur Entwicklung und Veränderung seiner Aktivitäten.

## BEISPIELE FÜR UNTERNEHMEN, DIE ES VERSÄUMT HABEN INNOVATIV ZU SEIN

**NOKIA:** Als in Finnland das erste Mobilfunknetz der Welt eingerichtet wurde, war das finnische Unternehmen Nokia der Gründer. Als Nokia in den späten 1990er und frühen 2000er-Jahren seinen Höhepunkt erreichte, war es die beliebteste Mobiltelefonmarke der Welt. Es dauerte nicht lange, bis andere Mobilfunkanbieter erkannten, dass die Zukunft der Kommunikation nicht in Telefonaten oder Textnachrichten, sondern in Daten liegt. Das Management von Nokia hatte nämlich Angst, die bestehenden Kunden zu verprellen, indem es größere Änderungen an seinen Produkten vornehmen würde. Sie scheiterten, weil sie die Revolution der Benutzerfreundlichkeit nicht anführen wollten. Am Ende hatten sie ein schreckliches Betriebssystem, das sich auf dem Markt nicht durchsetzen konnte. Das Unternehmen schätzte die Stärke seiner Marke falsch ein und ging davon aus, dass es spät in das Smartphone-Geschäft einsteigen und triumphieren könnte. Damals war der Verzicht auf eine Tastatur bei Steve Jobs iPhone innovativ. Hören Sie sich die Reaktionen der Leute an, wenn sie in einem YouTube-Video jemanden sehen, der zum ersten Mal einen Touchscreen benutzt. Im Jahr 2008 beschloss Nokia schließlich, gegen Android anzutreten, aber es war zu spät. Ihre Produkte waren nicht konkurrenzfähig genug.

**BLACKBERRY MOTION:** Ursprünglich im Jahr 1998 auf den Markt gebracht, war BlackBerry ein spektakulärer Erfolg auf dem Smartphone-Markt. Dank der gewölbten Tastatur ihres Geräts veränderten sie die Mobilfunkbranche. In den frühen 2000er-Jahren hatten sie die besten Sicherheitsfunktionen der Branche, aber die Benutzerfreundlichkeit blieb auf der Strecke. Ein paar Jahre später konzentrierte sich der Rest der Mobilfunkbranche auf größere Touchscreen-Displays, während BlackBerry mehr damit beschäftigt war, das zu schützen, was es bereits hatte. Nachdem es dem Unternehmen nicht gelungen war, mit der Zeit zu gehen, erklärte CEO John Chen im Jahr 2017, dass BlackBerry keine Smartphones mehr herstellen würde und dass das Unternehmen eine neue Strategie entwickelt habe. „Im Rahmen dieses Plans konzentrieren wir uns auf die Softwareentwicklung, einschließlich Sicherheit und Anwendungen. Erstmals in seiner Geschichte will das Unternehmen die gesamte interne Hardware-Entwicklung auslagern. Dadurch können wir unsere Anfangsinvestitionen senken und gleichzeitig unsere Rendite auf diese Anfangsinvestitionen erhöhen“, wie John Chen betonte.

**MOTOROLA:** 1973 stellte Motorola das erste tragbare Telefon vor. Laut Marty Cooper, dem Vizepräsidenten des Unternehmens, betrug die Akkulaufzeit 20 Minuten, aber das war kein wirkliches Problem, weil man das Telefon ihm zufolge nicht so lange hochhalten konnte. Obwohl Motorola ständig neue Versionen seines Handys herausbrachte, erkannte das Unternehmen nicht, dass die Käufer eher an neuen Softwarefunktionen als an neuer Hardware interessiert waren. Aufgrund des mangelnden Marktbewusstseins konnten die neuen Produkte von Motorola Anfang der 2000er-Jahre das Unternehmen nicht vorantreiben. Aus diesem Grund verpasste

Motorola mit seinem Produktangebot die 3G-Welle völlig. Infolgedessen konnten die Waren von Motorola nicht mit den Smartphones auf dem Markt konkurrieren, da sie keine modernen Kommunikationsmethoden enthielten. Motorola wurde im August desselben Jahres von Google aufgekauft. In einem Interview mit dem Wall Street Journal erklärte CEO Greg Brown, dass der Untergang von Motorola, „auf unsere Schuld zurückzuführen ist, nicht auf die Wirtschaft."

**KODAK:** In der ersten Hälfte des zwanzigsten Jahrhunderts dominierte Kodak das Geschäft der Fotofilme. Das Unternehmen verpasste die Chance, die Revolution der digitalen Fotografie anzuführen, weil es sich zu lange geweigert hatte. Im Jahr 1975 hatte der Kodak-Ingenieur Steve Sasson die Idee für die erste Digitalkamera. Laut Sasson erhielt er als Antwort des Managements: „Das ist ja süß - aber erzählen Sie niemandem davon". Die Führungskräfte von Kodak sahen die Digitalfotografie nicht als bahnbrechende Technologie an. Der ehemalige Kodak-Manager Don Strickland erklärte: „Wir haben die weltweit erste Digitalkamera für Verbraucher gebaut, aber wir konnten keine Genehmigung für die Markteinführung oder den Verkauf erhalten, weil wir Angst vor den Auswirkungen auf den Filmmarkt hatten." Der Triumph des Films überschattete die digitale Revolution, die bereits begonnen hatte. Im Jahr 2012 gab Kodak bekannt, dass das Unternehmen Konkurs anmelden würde. Viele Menschen waren schockiert über den Niedergang von Kodak.

**SONY:** Mit der Einführung des Walkmans im Jahr 1979 veränderte Sony die Art und Weise, wie Menschen Musik hören. Für die Teenager der 1990er-Jahre war der Walkman ein unverzichtbares Stück Technologie. Zu seiner Zeit war er so etwas wie das iPhone. Die Verkaufszahlen des Walkmans begannen zu sinken, als die MP3-Player auf den Markt kamen. Der MP3-Player, der später dem Smartphone Platz machte, war der letzte Nagel im Sarg des berühmten Walkmans. Die Digitalisierung, die Umstellung auf Software und die Verbreitung von Raubkopien im Internet haben sich auf die Fähigkeit von Sony ausgewirkt, auf dem digitalen Musikmarkt zu bestehen. Es gab Zeiten, in denen Sony über die Technologie verfügte, um ein Produkt auf den Markt zu bringen, das mit dem iPod konkurrieren oder ihn sogar übertreffen konnte, aber dazu kam es nie. Aus Angst, seine Marktposition zu gefährden, hat das Unternehmen gezögert, neue Dinge auszuprobieren.

**TOSHIBA:** Einst eine technologische Supermacht in Japan, kämpft dieses Unternehmen jetzt ums Überleben. In den 1980er-Jahren war Toshiba eines der erfinderischsten Unternehmen der Welt. Damals wurde mit dem T1100 das erste Notebook des Unternehmens für den Massenmarkt auf den Markt gebracht. Ein ehemaliger Toshiba-Mitarbeiter, der bei der Vermarktung des Laptops im Ausland half, sagte: „Davor gab es zwar schon einige Laptops, aber sie waren alle mit Kompromissen behaftet. Daher der schnelle Aufstieg von Toshiba. „Es war, als hätten wir einen Desktop-Computer auf einem Laptop." Da die Verbraucher die Laptops der Konkurrenten für weniger Geld online kaufen konnten, stoppte das Internet das Wachstum von Toshiba. Toshiba erklärte 2016, dass das Unternehmen die Herstellung von PCs für europäische Kunden einstellt, aber weiterhin Laptops für Unternehmen in Europa und den Vereinigten Staaten anbieten würde. Angesichts der sich auftürmenden Schulden hat Toshiba vor Kurzem bekannt gegeben, dass das Unternehmen den Verkauf seines Memory-Chip-Business in Erwägung zieht, um die Schulden zu begleichen. Später in diesem Jahr gab die Bain-Led Group bekannt, dass sie den zweitgrößten Hersteller von NAND-Speicherchips auf der Welt für 18 Milliarden Dollar gekauft hat.

**XEROX:** Xerox ist ein weiteres Beispiel für kommerziellen Misserfolg im großen Stil. Xerox war das erste Unternehmen, das einen Personal Computer entwickelte, und sein Modell war seiner Zeit weit voraus. Anstatt alle Chancen zu nutzen, die sich boten, fürchtete die Unternehmensleitung, dass die Digitalisierung zu teuer werden würde. Xerox CEO David Kearns war sich sicher, dass Kopiergeräte die Zukunft des Unternehmens sein würden. Daher wurden die entwickelten digitalen Kommunikationsgeräte nicht als Ersatz für schwarze Zeichen auf weißem Papier angesehen. Xerox hat nicht begriffen, dass man mit der gleichen Technologie nicht immer wieder Geld verdienen kann. Technik funktioniert nicht ewig.

**YAHOO:** Yahoo war im Jahr 2005 ein wichtiger Akteur in der Online-Werbebranche. Daraufhin beschloss Yahoo, seinen Schwerpunkt weg von der Suche und hin zu einem Medienunternehmen zu verlagern. Die Entscheidung, den Schwerpunkt stärker auf die Medien zu legen, bedeutete, dass die Verbrauchertrends und die Notwendigkeit, das Nutzererlebnis zu verbessern, übersehen wurden. Was dann auch geschah. Infolgedessen gewann Yahoo viele Zuschauer, schaffte es aber nicht, einen Gewinn zu erwirtschaften, der groß genug für eine Expansion war. Möglicherweise hat das Unternehmen bei dem Versuch sich selbst zu retten, mehrere Chancen vertan. Der CEO von Yahoo weigerte sich zum Beispiel 2002, ein Angebot zum Kauf von Google anzunehmen. Als Yahoo 2006 sein Angebot reduzierte, zog sich Facebook-Gründer Mark Zuckerberg zurück. Aufgrund der mangelnden Risikobereitschaft des Unternehmens googeln wir jetzt anstatt zu yelpen.

**FAZIT:** Wenn es um große Unternehmen geht, sind die erfolgreichsten Innovationsprojekte diejenigen, die ihren Geschäftsplan weiterentwickeln und digitalisieren. Haben Sie im Geschäftsleben niemals Angst vor Veränderungen. Die Bedürfnisse Ihrer Kunden müssen ebenso berücksichtigt werden wie die aktuellen Entwicklungen. Stellen Sie sicher, dass Ihre Führung und Ihre Pläne greifen, und konzentrieren Sie sich auf die Verbesserung und Erprobung verschiedener Arten von Innovationsstrategien. Befolgen Sie diese Schritte, um zu vermeiden, dass Sie zu einem Unternehmen werden, dem es an Kreativität mangelt.

## KAPITEL 9

# WAS WILL IHR UNTERNEHMEN ERREICHEN UND WIE SOLL DIE AUFGABE ERLEDIGT WERDEN?

Gibt es irgendetwas in der Strategie, den Zielen und der Kultur Ihres Unternehmens, das für die Lösung der anstehenden Aufgabe unbedingt erforderlich ist? Viele Unternehmen haben das „Was" und das „Wie" voneinander getrennt. Dadurch wird jedoch die Kluft zwischen den Geschäftszielen des Unternehmens und seinen Grundprinzipien, die bestimmen, wie die Arbeit erledigt und wichtige Entscheidungen getroffen werden, nur noch größer. Sinn- und werteorientierte Unternehmen müssen das WAS und das WIE miteinander verbinden, um ihren Grundüberzeugungen treu zu bleiben.

Unternehmen müssen die Art und Weise, wie sie ihre eigenen Prozesse gestalten, wie sie in der Welt agieren und wie sie ihre Geschäfte führen, überprüfen, wenn sie den Sinn und die Vertrauenswürdigkeit ihrer Marken entwickeln und bewahren wollen.

Wenn die Unternehmensführung den kurzfristigen Gewinn über die langfristige Wertschöpfung und das Image stellt, wird der Umgang mit Marken weitgehend unverändert bleiben. Ebenso muss die Leistungsmessung dem Schaffen von Vertrauen und der Verankerung universeller Werte untergeordnet werden.

Wenn wir einen sinnvollen Wandel sehen wollen, müssen wir die Wertschöpfungskette nach oben gehen und zeigen, wie Unternehmen, nicht nur Marken, von der Zielsetzung beeinflusst werden.

Denn wenn wir keine geschäftliche Komponente haben, erfinden wir nur etwas.

Das, was einem Unternehmen über den finanziellen Gewinn hinaus Bedeutung verleiht, sind seine „Seele" oder seine Grundwerte.

Da Millennials mehr von ihrer Arbeit erwarten als nur einen Gehaltsscheck, wird der Sinn zu einer immer wichtigeren Komponente, die über den Erfolg eines Unternehmens entscheidet. Talentierte, innovative Arbeitnehmer verlangen heute nach emotionaler und geistiger Erfüllung bei ihrer Arbeit. Um Mitarbeiter anzuziehen, die zielgerichtet arbeiten, muss ein Unternehmen zunächst eine klare Mission haben. Wenn die Mitarbeiter wie bloße Ausführende von Geschäftszielen behandelt werden, anstatt ihr ganzes Potenzial entfalten zu können, wird das Unternehmen das Aussehen und die Atmosphäre eines Industrieunternehmens entwickeln. Im Gegensatz dazu erkennt ein sinnstiftendes Unternehmen, dass sein größtes Kapital seine Mitarbeiter sind, die durch den Wunsch motiviert werden, in der Welt um sie herum etwas zu bewirken.

Wenn die Mehrheit der Mitarbeiter das Gefühl hat, dass das Hauptziel des Unternehmens darin besteht, Geld zu verdienen, ist das Unternehmen zum Scheitern verurteilt. Das sind harte Worte, aber es hat sich immer wieder gezeigt, dass sie zutreffend sind. Kunden und Mitarbeiter fühlen sich eher zu Unternehmen hingezogen, die einen tieferen Sinn als Geld verfolgen, was zu einem höheren langfristigen Einkommen führt. Um langfristig erfolgreich zu sein, müssen sich Unternehmen von der Konkurrenz abheben und die Emotionen ihrer Mitarbeiter ansprechen. Durch eine übermäßige Konzentration auf den Gewinn wird das Unternehmen nach innen auf die kurzfristigen Interessen seiner Mitarbeiter ausgerichtet, was zu einem Mangel an kreativem Denken und der Entwicklung von organisatorischen Silos führt. Eine sinnvolle Wettbewerbsdifferenzierung erfordert eine nach außen gerichtete Konzentration auf die Menschen, die das eigentliche Geschäft Ihres Unternehmens betreiben, nämlich die Kunden. Für ein Unternehmen ist der Gewinn nicht das oberste Ziel, sondern er dient als Indikator für die Fähigkeit des Unternehmens, erfolgreich zu sein.

Wenn Sie die beiden Unternehmen einander gegenüberstellen, können Sie erkennen, warum sinnorientierte Unternehmen erfolgreicher sind als gewinnorientierte Unternehmen. Angenommen, es gibt zwei Unternehmen, A und B. Sie konkurrieren um denselben Kundenstamm. „Unser Ziel ist es, den Aktionären eine Rendite zu bieten", erklärt das Management von Unternehmen A. Der Return on Investment (ROI) wird zur Bewertung der Mitarbeiter herangezogen. Die Unternehmensleitung des Teams B hingegen erklärt: „Unser Ziel ist es, das Leben unserer Kunden zu verbessern." Die Kundenzufriedenheit ist eine wichtige Kennzahl für die Bewertung der Mitarbeiter. Würde ein Team, das sich auf kurzfristige Gewinne konzentriert, oder ein Team, das sich auf die Auswirkungen auf die Kunden konzentriert, bessere Waren und Systeme produzieren? Welche Gruppe von Mitarbeitern wird sich emotional mehr engagieren, das Team, dessen Chefs sie als Aktivposten im Dienste des Profits betrachten? Wem vertrauen Sie mehr: Team A oder dem Team, das wirklich das Gefühl hat, dass es einen Unterschied im Leben seiner Kunden bewirkt? Der Sinn einer Organisation kommuniziert das Potenzial der Organisation; nicht ihren aktuellen Zustand, sondern das, was sie sein sollte. Wir können den notwendigen Raum für Wachstum und Entwicklung schaffen, wenn wir unsere Fähigkeit erweitern, und über das hinauszublicken, was gegenwärtig offensichtlich ist. Der Sinn hat die Fähigkeit, die Welt zu verändern. Dinge werden als nützlich angesehen, wenn sie ihre primäre Funktion erfüllen. Betrachten Sie als Analogie ein Messer. Es zu benutzen, um zu schneiden, ist genau das, wofür es gedacht war. Der Sinn gibt auch die Richtung vor und erschließt das wahre Potenzial eines Menschen. Ein schärferes Messer kann zum Beispiel effizienter schneiden als ein stumpfes. Das volle Potenzial einer Person kann nicht ausgeschöpft werden, wenn ihr Auftrag unklar oder unbestimmt ist. Die Dinge verkommen zur Mittelmäßigkeit oder vielleicht zur völligen Verschwendung. Es ist eine Verschwendung von Zeit und Ressourcen, wenn wir eine verzerrte Sicht auf unsere Ziele haben. Stellen Sie sich zum Beispiel eine Kerze vor, die brennt und Licht erzeugt. Kommt das volle Potenzial der Kerze auch dann zum Tragen, wenn sie nicht brennt?

Zusammenarbeit und Unterstützung sind größer, wenn es ein gemeinsames Ziel gibt. Um den Auftrag eines Unternehmens zu erfüllen, müssen die Mitarbeiter zusammenarbeiten und sich aufeinander verlassen, so wie Zellen ohne die Hilfe der anderen nicht richtig funktionieren können. Wenn wir uns als

Teil von etwas Größerem sehen, wollen wir natürlich unseren Teil dazu beitragen und gleichzeitig die Bemühungen der anderen würdigen. Unser Verständnis und Bewusstsein für unsere Aufgabe vertieft und verändert sich mit der Zeit. Im Laufe der Zeit wird unser Verständnis für die Mission eines Unternehmens definitiv wachsen und sich verändern. Es kann sein, dass wir unser Wissen im Lichte neuer Informationen regelmäßig aktualisieren müssen.

## DER WAHRE WERT DES SINNS - IN DER WIRTSCHAFT

Bei der Arbeit sind die Menschen auf der Suche nach einem Sinn. Unternehmen, die sich auf die Wirkung konzentrieren, die sie auf ihre Kunden haben, sind am erfolgreichsten. Sie engagieren sich für ihre Kunden und Mitarbeiter und gehen über die Grenzen ihres Marktes hinaus, um mehr als nur ein Mittel zum Austausch zu sein. Infolgedessen werden sie zu begehrten Marken und begehrten Arbeitgebern. Unsere alltäglichen Marketingbemühungen sollten nicht einfach nur durchgekämpft werden, sondern uns anspornen, in unseren Unternehmen und Organisationen einen Sinn zu verfolgen. Sie sollten ein klares Ziel vor Augen haben, das über die reine Geldproduktion hinausgeht. Die Schaffung von Produkten und Dienstleistungen, die das Beste, was wir sind, an den Rest der Welt weitergeben, ist etwas, was großen traditionellen Marken schon immer klar war. Ganz gleich, ob es sich um Tomás Baas Traum „shoe the whole globe“ handelt, oder um John Cadburys ersten Dairy Milk-Riegel, diese frühen Erfolgsgeschichten waren von echtem Interesse, Sorgfalt, Leidenschaft und Erfindungsreichtum geprägt. Diese Unternehmen wurden von Menschen gegründet, die sich für das, was sie taten, begeisterten und die Welt zu einem besseren Ort machen wollten. Diese Ideale, die Sie an zukünftige Generationen weitergeben, sind wichtiger als materielle Besitztümer. Materielle Dinge haben keinen Wert; was zählt, sind die Ideen und Prinzipien, die dahinterstehen. Der Kapitalismus wurde mit diesem Ziel vor Augen konzipiert. Wenn wir diesen heute noch einmal beurteilen würden, könnten wir alle unsere Prioritäten neu ordnen.

Der innere Wert des Unternehmens selbst sollte bei allem, was wir tun, offensichtlich sein. Das ist es, was wir mit „höherem Sinn“ – dem WARUM – meinen. Ihr Handeln sollte einen höheren Sinn haben, denn durch den Sinn verdienen und steigern Unternehmen und Marken ihren Wert. Marken sind an und für sich nicht wichtig; was zählt, ist, WOFÜR sie stehen. Für uns ist vor allem wichtig, wie sie mit unseren eigenen Grundprinzipien des Humanismus übereinstimmen: unsere eigenen Überzeugungen, Einstellungen und Verhaltensweisen. Es ist der kulturelle Rahmen, in den eine Marke eingebettet ist, der sie wertvoll macht, nicht die Marke selbst. Im Interesse des Gemeinwohls ist es an der Zeit, Marken als Symbole für sozialen Wert und kulturelles Kapital zu betrachten und nicht nur als Waren. Marken sind Kulturgüter im reinsten Sinne des Wortes. Marken können auch eine mächtige soziale Währung und ein kultureller Austausch sein, wenn sie geschickt verwaltet werden.

Sinn richtet Organisationen aus, verbindet sie und bereichert sie. Damit Unternehmen von innen heraus wertvoll sind, müssen sie einen klaren Sinn haben. Ganz gleich, ob Sie die Prozesse Ihres Unternehmens neu organisieren, neue Produkte und Dienstleistungen entwickeln, Ihre Marken-DNA, Mission,

Vision und Werte, die interne Kultur, den Vertrieb oder das Kundenerlebnis über verschiedene Berührungspunkte hinweg vereinheitlichen - all diese Unternehmensfunktionen sollten einen einzigen Nenner haben: den Sinn. Das, wofür die Marke im Kontext der heutigen kulturellen Komplexität steht, ist das, was sie repräsentiert und wofür sie steht.

Anstelle einer fragmentierten und isolierten Kultur, in der die Werte voneinander getrennt sind, wird das Verhalten eines Unternehmens in der realen Welt bei jedem Schritt durch das Bestreben bestimmt, was zu einer Einheit von Charakter und Sinn führt. Aus diesem Grund scheint sich das Markenvertrauen im gegenwärtigen postfaktischen und postwahren Zeitalter so stark aufzulösen oder zu sinken. Die Rückkehr zu Integrität und Markenvertrauen kann durch direkte Rechenschaftspflicht und ein auf wahren Überzeugungen basierendes Verhalten erreicht werden.

Durch die Nutzung aller Kernprozesse und -fähigkeiten würde das Unternehmen einen einzigen symbolischen Nenner verwenden, um diese Bedeutung mit Leben zu erfüllen. Das kann durch das Marketing und die Art und Weise wie die Unternehmensprozesse strukturiert sind geschehen. Es spielt auch eine entscheidende Rolle, wie die Mitarbeiterkultur aussieht und was den Kunden am Unternehmen wichtig ist. Auch wenn dies für jede der grundlegenden Fähigkeiten des Unternehmens anders sein wird, wird dieser ganzheitliche Ansatz für das Management zu mehr Kohärenz, Einheit und Zusammenarbeit in allen horizontalen Komponenten des Unternehmens führen. Es ist unvermeidlich, dass die interne Kultur des Unternehmens mit der externen Kultur (dem kulturellen Umfeld der Außenwelt) in Einklang gebracht wird, wodurch die beiden Kulturen effektiv zu einer einzigen verschmelzen würden. Heute, da sich unsere Gesellschaft von der Spaltung zur Einheit bewegt, ist es für jedes Unternehmen unerlässlich, einen solchen umfassenden Akt der kulturellen Vereinheitlichung durchzuführen.

Anstatt „nach Trennung zu streben", müssen Unternehmen jetzt „das Miteinander umarmen" und den Wert, den sie bieten, aus dem Blickwinkel der Menschen betrachten, denen sie zu Diensten stehen. Dank dieser dringend benötigten Atempause werden sie sich von den Fesseln ihrer alltäglichen Aktivitäten und Prozesse sowie ihrer Leistungskennzahlen befreien können. Führungskräfte von Unternehmen und Marken sollten ihre Organisationen als ein lebendiges, atmendes Ökosystem der Wertschöpfung betrachten und nicht als eine Maschine, in der alle Rädchen - die Mitarbeiter - effizient und mit optimaler Geschwindigkeit funktionieren müssen, um das Unternehmen am Laufen zu halten. Weil es die falschen Werte misst, ist das Maschinendenken ein großes Hindernis für die Entwicklung eines Sinns und für langfristiges Marken- und Unternehmenswachstum. Ein klares Zielbewusstsein bedeutet nicht nur, die internen und externen Werte Ihres Unternehmens in Einklang zu bringen. Es hat insgesamt einen tiefgreifenden Einfluss darauf, wie wir über Organisationen denken und wie sie organisiert sind, um den Wert im Leben ihrer Stakeholder zu maximieren.

Ein Überdenken der Art und Weise, wie Organisationen aufgebaut sind, wie sie Werte schaffen und vor allem, wie sie sich gegenüber ihren Mitarbeitern, Kunden und der Außenwelt verhalten, ist unerlässlich, wenn Sie das Potenzial des Sinns in der Wirtschaft voll ausschöpfen wollen. Marken und Organisationen haben einen direkten Einfluss auf die Gesellschaft, daher ist es für ihre Führungskräfte entscheidend zu wissen, welche Werte sie der Welt vermitteln wollen.

Das Fehlen einer klaren Vision, unternehmerische Heuchelei und ein falsches Bewusstsein für Sinn können nicht hinter einer Fassade von Zweckmäßigkeit versteckt werden. Es ist mehr als nur ein Gimmick, mit dem Unternehmen ihren schlechten Ruf verschleiern können; es ist ein wesentlicher Teil der DNA ihrer Marke. Ein authentischer Sinn ergibt sich aus der Abstammung, der Stärke des Glaubens und der Überzeugungen einer Person, ihrem moralischen Kompass sowie ihrer Vision und Ehrlichkeit. Es ist nicht möglich, etwas hinzuzufügen, was nicht bereits vorhanden ist.

Diese Dinge sind nicht Teil dessen, was etwas zu einer Sache macht oder was bestimmt, wie viel etwas für uns wert ist. Dies ist die Art und Weise, wie wir Geschäfte machen, wie wir Werte schaffen, wie wir Ideen verbreiten und wie wir uns in der Welt bewegen. Sinn ist der primäre Kanal, durch den wir unsere Gedanken formen, Geschichten erschaffen, unsere Identitäten aufbauen und Beziehungen zueinander und zu uns selbst pflegen. Marken und Unternehmen sind in einer Welt ohne Sinn veraltet. Denn nur für diesen existieren sie.

## WIE SIE IHREM UNTERNEHMEN EINEN SINN GEBEN

Der höhere Sinn und die Werte Ihres Unternehmens sollten klar definiert sein. Kundenservice, Integrität, Mut, Wachstum, Gewinn, Kosten, Produktinnovation, Qualität, Mitarbeiter, Partner, Umwelt, verantwortungsvolle Lieferketten, Nachhaltigkeit - die Liste lässt sich endlos fortsetzen: Werden Sie konkret!

An welchen Werten und Verhaltensweisen werden sich das Unternehmen, seine Führungskräfte und seine Mitarbeiter aufgrund dieser Begriffe orientieren? Kernwerte sind eine Handvoll (sagen wir 3-4). Andere, wie z. B. Integrität, sind das, was ich gerne als „Fundamentale WERTE" bezeichne (sie unterscheiden Ihr Unternehmen nicht wirklich von anderen, sondern definieren einen Grundstock an Verhaltensweisen, die Sie erwarten und für die Sie bereit sind, harte Entscheidungen zu treffen). Setzen Sie Prioritäten für die Grundwerte Ihres Unternehmens, sobald Sie sie festgelegt haben. Was sind die wichtigsten und die unwichtigsten Werte? Wenn es hart auf hart kommt, was sind die wichtigsten Werte in Ihrem Leben? Gibt es bei der Entscheidungsfindung Leitprinzipien, an die sich das Unternehmen bevorzugt hält, und wenn ja, in welcher Reihenfolge?

Es ist möglich, dass eine Organisation etwas sagt wie: „Wir wollen unsere Einnahmen steigern, aber das darf nicht auf Kosten der Fortschritte bei unseren Umweltzielen gehen; ebenso dürfen die Fortschritte bei unseren Umweltzielen unser Wachstum nicht aufhalten, sonst würde die Organisation aufhören zu existieren." Sind Ehrlichkeit und Integrität Werte, die nicht beeinträchtigt werden dürfen? Wenn dies der Fall ist, dann müssen die Führungskräfte des Unternehmens mutig genug sein, die schwierigen Entscheidungen zu treffen, die notwendig sind, um den Grundwerten des Unternehmens verpflichtet zu bleiben. Wenn dies nicht getan wird, beginnt die KULTURELLE Basis des Unternehmens zu zerfallen und seine wahre SEELE ist in Gefahr. Wenn die ranghöchsten Mitglieder des Führungsteams eines Unternehmens ein klares, konsequentes und echtes Engagement für die Mission und die Werte des Unternehmens an den Tag legen, wird das Unternehmen florieren und gedeihen.

Es sollte klar sein, welche Rolle jedes Mitglied des Teams bei der Erreichung des Gesamtziels spielt. Jeder Beruf und jede Abteilung ist ein Nordstern, der als Wegweiser zu Ihrem Endziel dient. Jeden Tag, bei jeder Interaktion und bei jeder Initiative sollten alle daran arbeiten, Ihr Ziel zu erreichen. Richtlinien, Verfahren und Prozesse sollten so gestaltet sein, dass sie Ihnen helfen, Ihre Ziele zu verwirklichen. Wo ist Ihr Platz im Universum? Stellen Sie fest, wo Sie aus dem Gleichgewicht geraten sind. Ihr Unternehmen sollte darauf ausgerichtet sein, Ihr Team bei der Erfüllung Ihrer Mission zu unterstützen. Emotionen können und sollten bei der Verfolgung eines Ziels eine Rolle spielen. Der Weg, die Herzen der Kunden zu gewinnen, führt über die Herzen und Ideen Ihrer Mitarbeiter. Damit sie zu einem dauerhaften Bestandteil Ihres Unternehmens werden, müssen Sie sie kontinuierlich fördern und stärken. Für Führungskräfte ist es wichtig, Geschichten darüber zu erzählen, wie sie einen positiven Einfluss auf die Kunden ausüben, um ihren Sinn lebendig zu halten. Die neue Unternehmensgeschichte dreht sich um das Konzept des Sinns. So können Sie mehr erreichen und sich als Führungspersönlichkeit etablieren, der andere folgen wollen. Die Menschen sind durch den Wunsch Gewinn zu erzielen motiviert. Aber auch sie wollen einen positiven Einfluss auf die Welt ausüben. Ihre Unternehmenswerte geben Ihnen die Möglichkeit, beides zu tun.

## FEHLER, DIE ORGANISATIONEN BEI DER VERWENDUNG VON ZIELEN MACHEN

Damit ein Unternehmen erfolgreich sein kann, muss es eine klare und überzeugende Mission haben. Wenn es darum geht, ihren Sinn zu finden, wissen viele Menschen nicht, wo sie anfangen sollen. Wir haben eine Liste der häufigsten Fehler zusammengestellt, die Unternehmen machen.

Ein nebulöses Ziel wäre zum Beispiel: „Wir machen einen Unterschied". Sie müssen ein klares Ziel vor Augen haben. Auf welche Weise machen Sie einen Unterschied? Wie fühlen sich Ihre Kunden durch die Zusammenarbeit mit Ihnen? Welche Auswirkungen hat das auf jede einzelne Position in Ihrem Unternehmen? Die Arbeit mit einem Ziel kann auf verschiedene Weise demonstriert werden.

Verbinden Sie soziales Engagement mit der Mission Ihres Unternehmens Person: Die Bedeutung der sozialen Verantwortung kann gar nicht hoch genug eingeschätzt werden, auch wenn sie kein klassisches Unternehmensziel ist. Manche Unternehmen setzen bewusst darauf, dass mit dem Verkauf ihrer Produkte ein prozentualer Anteil für eine gemeinnützige Sache genutzt wird. So kaufen Kunden *mehr*, als nur ein Produkt: Das gute Gefühl, etwas bewegt zu haben, ohne tatsächlich in ihrem Alltag aktiv werden zu müssen. Wer beispielsweise Tony´s Schokolade kauft, unterstützt das Markenziel „Gemeinsam machen wir Schokolade 100% frei von moderner Sklaverei". Der Schokoladengenuss wird somit direkt mit sozialem Engagement verknüpft und sowohl die Kunden als auch die Mitarbeiter besagten Unternehmens wissen, wofür die Marke einsteht und welches langfristige Ziel verfolgt wird.

Unternehmen, die sich erfolgreich von anderen absetzen, haben üblicherweise ein Alleinstellungsmerkmal bzw.

eine besondere Mission. Um mit der Entwicklung einer Unternehmenskultur zu beginnen, in deren Mittelpunkt die Mission steht, müssen Sie ein Team zusammenstellen. Der Sinn hingegen ist keine einmalige Angelegenheit. Langfristig gesehen handelt es sich um eine Denk- und Handlungsweise, die noch lange nach dem Ausscheiden Ihrer derzeitigen Belegschaft Bestand haben wird.

# KAPITEL 10

# EIN IDEALES ARBEITSUMFELD IST EIN WESENTLICHER BESTANDTEIL DER UNTERNEHMENSSEELE

Die Interaktionen zwischen Arbeitgeber und Arbeitnehmer, die Einrichtungen des Unternehmens, die Unternehmenskultur und die Aufstiegschancen sind nur einige Beispiele für das Arbeitsumfeld. Um eine positive Arbeitsatmosphäre zu schaffen, müssen Arbeitgeber überlegt vorgehen. In einem solchen Umfeld wird der Ruf eines Unternehmens gestärkt und die Mitarbeiterfluktuation verringert. Die Produktivität der Mitarbeiter steigt, wenn sie ein Gefühl von Sinn und Erfüllung bei ihrer Arbeit haben. Wenn Sie die oben genannten Ratschläge kontinuierlich befolgen, können Sie eine positive Arbeitsatmosphäre kultivieren.

## MERKMALE, DIE EIN IDEALES ARBEITSUMFELD AUS PSYCHOSOZIALER SICHT AUSMACHEN

Ein positives Arbeitsumfeld ist unerlässlich, um Spitzenkräfte anzuziehen und zu halten, sowohl in Bezug auf Neueinstellungen als auch auf langfristige Mitarbeiter. Wenn Sie Ihre Mitarbeiter langfristig an Ihr Unternehmen binden wollen, müssen Sie dafür sorgen, dass sie bei der Arbeit zufrieden und motiviert sind. Denken Sie daran, dass sich das ideale Arbeitsumfeld von Generation zu Generation ändern kann, daher ist die Fähigkeit, sich anzupassen, entscheidend für den Erfolg. Denken Sie ebenfalls daran, dass Vergünstigungen nicht mehr nur eine Belohnung sind, sondern eine Voraussetzung für den modernen Arbeitsplatz. Sie zeigen Ihren Mitarbeitern nicht nur, dass Ihnen ihr Wohlbefinden auch außerhalb der Arbeit am Herzen liegt, sondern können auch beeinflussen, ob sich potenzielle neue Mitarbeiter für Ihr Unternehmen entscheiden oder nicht. Dazu gehören eine Krankenversicherung, eine Altersvorsorge, die Erstattung von Fahrtkosten und subventionierte Mobiltelefonverträge.

Als Unternehmen sollten wir unsere Prinzipien sowohl innerhalb als auch außerhalb des Unternehmens leben. Dafür muss man sich selbst und andere ständig kritisch hinterfragen. Menschen, die die Werte des Unternehmens nicht wirklich leben, sollten entlassen werden. Entscheidungsfreudigkeit sollte am Arbeitsplatz hoch angesehen sein. Auf allen Ebenen sollten die Menschen in der Lage sein, ihre eigenen Entscheidungen zu treffen. Diejenigen, die angesichts der Ungewissheit umsichtige Risiken eingehen und kluge Entscheidungen treffen, sollten geehrt werden. Bei langfristigen Entscheidungen sollte sich das Unternehmen darauf konzentrieren, die Hauptursachen zu beheben und nicht nur die Symptome.

Es sollte keine Verleumdung einer anderen Person am Arbeitsplatz geben, und jeder sollte sich bemühen, ein besserer Mensch zu sein, als er einige Monate zuvor war, unabhängig von seiner Position im Unternehmen oder seinem Status. Ehrlichkeit sollte belohnt, und politische Machenschaften sollten bestraft werden.

Damit ein Unternehmen gedeihen kann, müssen seine Mitarbeiter großen Wert auf Offenheit legen - Offenheit für neue Ideen, neue Technologien, neue Arbeitsweisen und so weiter. In meiner Branche habe ich gerne mit Menschen zu tun, die mehr über die Welt um sie herum erfahren wollen. Es wäre ein wahrgewordener Traum, für ein Unternehmen zu arbeiten, in dem die Mitarbeiter ermutigt werden, neue Ideen auszuprobieren, sie auf den Prüfstand zu stellen, unterschiedliche Standpunkte zu begrüßen und Risiken einzugehen.

Die meisten Vollzeitbeschäftigten verbringen mehr als ein Drittel ihres Lebens mit der Arbeit. Das entspricht mehr als 90.000 Arbeitsstunden. Die Bedeutung einer guten Work-Life-Balance ist daher verständlich, wenn es um die Belange der Mitarbeiter geht. Berücksichtigen Sie das Privatleben Ihrer Mitarbeiter ebenso wie deren Arbeitsleben, wenn Sie neue Mitarbeiter gewinnen oder Ihre derzeitige Belegschaft bei Laune halten wollen. Vielleicht ist einer Ihrer Mitarbeiter zum Beispiel alleinerziehend und muss rechtzeitig zu Hause sein, um vor dem Schulbus seines Kindes anzukommen, oder er pendelt jede Woche eine Stunde oder mehr, was sein Familienleben belastet. Flexible Arbeitsregelungen, wie z. B. die Möglichkeit, von zu Hause aus zuarbeiten, können die Arbeitsmoral Ihrer Mitarbeiter steigern und Ihr Unternehmen für potenzielle Mitarbeiter attraktiver machen. Mitarbeiter sollten unterrichtet und motiviert werden, an einem idealen Arbeitsplatz eine gesunde Work-Life-Balance zu wahren.

Um sich eine Beförderung oder eine Gehaltserhöhung zu sichern, sind Mitarbeiter möglicherweise bereit, an jedem Tag der Woche zusätzliche Stunden zu leisten. Es ist Aufgabe des Managements und der Vorgesetzten, ihre Mitarbeiter über die positiven Auswirkungen einer Work-Life-Balance aufzuklären. Einige Mitarbeiter sind sich der Bedeutung einer gesunden Work-Life-Balance bewusst. Aus diesem Grund arbeiten sie lieber für Unternehmen, die es ihnen ermöglichen, ihren Jahresurlaub und ihre Urlaubstage regelmäßiger zu nehmen. Wenn Sie Ihren Mitarbeitern die Vereinbarkeit von Beruf und Privatleben erleichtern, fühlen sie sich bei ihrer Arbeit besser aufgehoben. So haben sie zum Beispiel mehr Zeit für ihre Familien, Hobbys und spirituelle Interessen.

Die Anerkennung der Bemühungen von Mitarbeitern, ihre Leistung zu steigern, kann Arbeitgebern helfen, ein gesundes Arbeitsumfeld zu schaffen. Arbeitgeber tun alles, was sie können, um ihre Fristen einzuhalten. Unbezahlte Überstunden können von einigen Arbeitnehmern verlangt werden, denen die Einhaltung von Fristen und die rechtzeitige Fertigstellung ihrer Projekte am Herzen liegt. Es spornt die Mitarbeiter an, in Zukunft mehr zu leisten, wenn sie für ihre Bemühungen belohnt werden. Andererseits fangen Mitarbeiter an, sich für schlechte Leistungen zu entschuldigen, wenn ihre Manager ihre Bemühungen nicht belohnen. Es gibt viele Möglichkeiten, harte Arbeit anzuerkennen, und Geld ist nicht die einzige. In manchen Fällen reicht eine mündliche Anerkennung durch den Manager oder Vorgesetzten aus. Wenn Mitarbeiter über sich hinauswachsen, sollten Manager ihre Dankbarkeit verbal zum Ausdruck bringen. Es ist wichtig, die Leistungen des Teams anzuerkennen, aber ebenso wichtig ist es, die Beiträge jedes Einzelnen hervorzuheben. Erkennen Sie Ihre Mitarbeiter an und belohnen Sie sie für ihre Beiträge, wenn Sie wichtige Ziele erreichen. Der Erfolg Ihres Unternehmens ist eine Teamleistung, deshalb sollten Sie einen Plan zur Anerkennung und Belohnung Ihrer Mitarbeiter aufstellen.

Anstatt sich auf die Anstrengung zu konzentrieren, sollten wir auf hervorragende Leistungen, echten Einfluss und Ergebnisse abzielen. Ein Ort, an dem die Menschen einander unterstützen, sich gegenseitig ermutigen und stolz auf die Leistungen der anderen sind, ist ein großartiger Arbeitsplatz. Es ist wichtig, dass Ihre Beschäftigung zu einer Quelle der persönlichen Erfüllung wird und dass Sie die Freiheit haben, Ihre Träume zu verfolgen. Ein großes Abfindungspaket und die Möglichkeit, einen neuen Job zu finden, sollten Mitarbeitern angeboten werden, die nicht mehr den Ehrgeiz haben, zu den Besten ihrer Branche zu gehören.

Sie erwarten nicht, dass Sie während Ihrer gesamten Karriere dieselbe niedere Arbeit verrichten, wenn Sie zu arbeiten beginnen. Es ist ein Zeichen dafür, dass Ihnen die berufliche Entwicklung und der Erfolg Ihrer Mitarbeiter am Herzen liegen, wenn Sie ihnen Aufstiegsmöglichkeiten bieten. Es ist eine Win-Win-Situation für Arbeitgeber und Arbeitnehmer, wenn sie wissen, dass ihre Vorgesetzten in ihren Erfolg und ihr Wachstum investieren. Informieren Sie sich über Weiterbildungskurse, an denen Ihre Mitarbeiter teilnehmen können, um neue Fähigkeiten zu erlernen, mit denen sie ihre Karriere und Ihr Unternehmen voranbringen können.

Schulungs- und Entwicklungsprogramme sind ein Muss für die besten Arbeitsplätze. Die Mitarbeiter fühlen sich geschätzt und belohnt, wenn ihr Arbeitgeber bereit ist, Zeit und Geld in die Weiterbildung zu investieren. Wenn sie das Gelernte in die Praxis umsetzen können, werden ihre Motivation und Produktivität steigen. Es ist Ihre Pflicht als Arbeitgeber, dafür zu sorgen, dass Ihre Mitarbeiter auf die Veränderungen in Ihrem Bereich vorbereitet sind. Der Stand der Technik ändert sich zum Beispiel ständig. Es ist eine kluge Investition, Ihr Personal in der Nutzung der neuesten Technologien zu schulen. Zusätzlich zu den Hard Skills sollte der Lehrplan auch Soft Skills abdecken, die den Mitarbeitern helfen, besser miteinander und mit dem Rest des Unternehmens umzugehen. Die Schulung der Mitarbeiter in zwischenmenschlichen Fähigkeiten, Teambildung, Streitschlichtung und effektiver Kommunikation wird ihre Interaktionen verbessern. Mitarbeiter sind zufriedener und produktiver, wenn sie positive Arbeitsbeziehungen haben.

Arbeitnehmer legen großen Wert darauf, für ihre harte Arbeit und ihre Leistungen anerkannt zu werden. Die meisten Mitarbeiter möchten wissen, dass die Anstrengungen, die sie im Laufe eines harten Arbeitstages unternommen haben, gewürdigt werden, vor allem, wenn sie mehr als das Übliche getan haben. Anreizsysteme motivieren die derzeitigen Mitarbeiter, höhere Leistungen zu erbringen, und ziehen gleichzeitig neue Mitarbeiter an. Mitarbeiter, die über sich hinauswachsen, könnten mit Punkten belohnt werden, die in Bargeld oder andere Preise umgetauscht werden können.

Stellen Sie sicher, dass Sie offen und ehrlich mit Ihren Mitarbeitern umgehen. Mitarbeiter beschweren sich oft darüber, dass sie nicht genug Feedback bekommen oder dass der Input, den sie bekommen, nicht nützlich ist. Machen Sie Ihren Mitarbeitern klar, dass sie sich mit Fragen an Sie wenden können, wenn sie sich über ihre Erwartungen unsicher sind, und ermutigen Sie sie, dies zu tun. Jährliche Beurteilungen der Leistung Ihrer Mitarbeiter sind ein typisches Ereignis. Es ist möglich, dass sowohl Sie als auch Ihr Mitarbeiter vieles von dem, was in diesem Jahr geschehen ist, vergessen haben. Sie und Ihr Mitarbeiter könnten von einem wöchentlichen persönlichen Treffen oder vierteljährlichen Beurteilungen profitieren, die Ihnen und Ihrem Mitarbeiter mehr Zeit geben, sich auszutauschen und Feedback zu erhalten.

Ein Unternehmen, das die gleichen Werte wie seine Mitarbeiter vertritt, kann dazu beitragen, dass die Mitarbeiter motiviert bleiben, Überstunden zu machen. Wenn Sie ein Unternehmen leiten, ist es Ihre Aufgabe, Ihren Mitarbeitern zu vermitteln, wie ihre Arbeit zum Unternehmensziel beiträgt, und ihnen neben dem Einkommen einen Grund zu geben, jeden Tag zur Arbeit zu kommen. Die Mitarbeiter werden eher bereit sein, die zusätzliche Meile zu gehen, wenn ihre Interessen mit denen Ihres Unternehmens übereinstimmen.

Arbeitgeber verlangen häufig Loyalität von ihren Mitarbeitern, aber sie geben sie ihnen nicht immer zurück. Auch wenn Sie nicht garantieren können, dass Ihre Mitarbeiter nie mit schwierigen Situationen bei der Arbeit konfrontiert werden, sollten sie das Gefühl haben, dass ihr Chef für sie da ist. Wenn Mitarbeiter verärgert oder besorgt sind, brauchen sie jemanden, an den sie sich wenden können, um Unterstützung zu erhalten. Damit die Mitarbeiter das Ziel des Unternehmens voll und ganz unterstützen, müssen die Führungskräfte ihr eigenes Verhalten transparent machen und zeigen, dass sie sich selbst an einen hohen Standard von Spitzenleistungen halten. Das ist eine der Eigenschaften einer erfolgreichen Führungskraft. Außergewöhnliche Führungskräfte predigen nicht nur, was sie tun, sondern sie beziehen auch mit Überzeugung Stellung zu Themen, die die Welt um sie herum betreffen. Führungskräfte sollten sich in ihrem eigenen Unternehmen dafür einsetzen, die Mitarbeiter stärker einzubinden, auf die Probleme der Mitarbeiter einzugehen und eine gesunde Unternehmenskultur zu fördern.

Das perfekte Unternehmen gibt es nicht. Es ist möglich, eine Unternehmenskultur zu entwickeln, die mit den Werten und Zielen des Unternehmens im Einklang steht, indem man Mängel anerkennt und ein klares Verständnis für die Einbeziehung der Mitarbeiter hat. Zum Beispiel könnten Unternehmen das Feedback ihrer Mitarbeiter nutzen, um herauszufinden, was einen guten Arbeitsplatz ausmacht und welche Bereiche verbessert werden müssen. Talentierte Mitarbeiter werden in der Regel von einem Unternehmen angezogen, das für Offenheit und Ehrlichkeit bekannt ist und nicht für eine Kultur der Geheimhaltung und Stagnation.

Kommunikation ist von äußerster Wichtigkeit. Wenn Sie den Erwartungen Ihrer Mitarbeiter nicht gerecht werden, werden diese Ihrer Führung nicht vertrauen können. Wenn ein Vorgesetzter nicht mit gutem Beispiel vorangeht, ist Chaos am Arbeitsplatz an der Tagesordnung. Um die Bildung unerwünschter Gewohnheiten zu vermeiden, ist es unerlässlich, dass alle Richtlinien, Regeln und Erwartungen sofort kommuniziert werden. Eine offene und transparente Kommunikationslinie zwischen Arbeitgeber und den Verantwortlichen ist ebenfalls von entscheidender Bedeutung. Der Aufbau einer vertrauensvollen Beziehung zu den Mitarbeitern ist das Ergebnis davon, dass man sich ihre Anliegen anhört und auf diese eingeht. Arbeitnehmer haben das Recht auf eine Stimme, und Arbeitgeber haben die Pflicht, ihnen diese zu geben. Wenn Arbeitgeber nicht handeln, werden sich Mitarbeiter nicht mehr an Gesprächen beteiligen, wenn sie das Gefühl haben, dass ihre Gedanken und Beiträge nicht wertgeschätzt werden.

Eine zweiseitige Kommunikation in einem Unternehmen garantiert, dass alle Beteiligten hinsichtlich der Ziele des Unternehmens auf derselben Seite stehen. Leider ziehen es viele Manager vor, ihren Mitarbeitern Anweisungen zu geben, anstatt mit ihnen zusammenzuarbeiten. Wenn Sie das Problem auf diese Weise angehen, werden Sie die besten Ergebnisse für das Unternehmen erzielen, da es alle Vorschläge zur Verbesserung seiner Leistung prüfen wird. Da die Mitarbeiter mit den bestehenden Systemen und Standards besser vertraut sind, sind sie in einer besseren Position, um die Produktivität zu maximieren als das Management.

Unternehmen, die erfolgreich sind, machen vieles richtig, aber es kommt nicht immer darauf an, was sie tun, sondern wie sie es tun. Infolgedessen verlagern großartige Unternehmen ihren Schwerpunkt von der Maximierung der Leistung ihrer Mitarbeiter auf die Erfüllung der Bedürfnisse ihrer Mitarbeiter. Es besteht ein direkter Zusammenhang zwischen mitarbeiterorientiertem Handeln und besseren Unternehmensergebnissen. Mit Hilfe von Mitarbeiterbefragungen können Unternehmen dem Kern der Sache auf den Grund gehen und herausfinden, wo sie Defizite haben. Die Nutzung von Umfragedaten zur Steuerung des Unternehmenswachstums ist eine Win-Win-Situation sowohl für Ihre Mitarbeiter als auch für Ihr Unternehmen.

Um erfolgreich zu sein, muss man innovativ sein. Jedes erfolgreiche Unternehmen ist auf neue Ideen angewiesen, um für frischen Wind zu sorgen. Wenn ein Unternehmen stets innovativ ist, kann es wettbewerbsfähig bleiben und Freude an seiner Arbeit haben. Auch die Mitarbeiter sind motiviert, ihre beste Arbeit zu leisten und durch Innovation zum Erfolg des Unternehmens beizutragen. Versichern Sie Ihren Mitarbeitern, dass Manager und sogar Vorgesetzte ihre Ideen akzeptieren werden, da sie sich nur dadurch sicher fühlen. Es ist gut möglich, dass Ihre Mitarbeiter diejenigen sind, die Ihnen helfen können, eine Lösung für ein Problem zu finden, dem Sie gegenüberstehen.

Arbeitsplätze können auf viele weitere Arten beurteilt werden, aber ein großartiger Arbeitsort ist ein Ort, der die Mitarbeiter motiviert und ihnen die Möglichkeit gibt, ihre einzigartigen Fähigkeiten zu nutzen. Die Motivation der Mitarbeiter wird eher durch ihre Arbeit als durch die Menschen bestimmt, für die oder mit denen sie arbeiten. Sie machen ihre Arbeit aus Motiven, die über die Norm hinausgehen. Streben Sie nach konsequenter Exzellenz in ihrer Arbeit, indem Sie das Wachstum ihrer Fähigkeiten und ihres Wissens fördern. Ein wunderbarer Arbeitsplatz wird von den heutigen Arbeitnehmern auf diese Weise definiert.

# KAPITEL 11

## WANN PASST EIN UNTERNEHMEN WIRKLICH ZU IHNEN - ES GEHT UM VIEL MEHR ALS GEHALT UND STATUS

Kultur ist von außen schwer zu analysieren, da sie implizit ist und Kommentare über die Unternehmenskultur möglicherweise nicht die Realität widerspiegeln. Ich bin jedoch zuversichtlich, dass es uns gelingen wird, einen großartigen Arbeitsplatz zu finden und uns einer Kultur anzuschließen, die gut zu uns passt. Aber wie? Wenn Sie ein Arbeitsidealist sind, wie finden Sie dann einen idealen Arbeitsplatz? Sie wissen schon - die Art von Arbeitsplatz, an dem Sie die Art von Liebe erfahren, nach der sich so viele Menschen sehnen?

Ein Unternehmen zu finden, das gut zu Ihnen passt, lässt sich in ein paar einfachen Schritten bewerkstelligen.

Das gegenseitige Kennenlernen ist der wichtigste Schritt. Hören Sie auf, sich wie ein stereotyper Arbeitssuchender zu verhalten, und fangen Sie stattdessen an, neue Freunde zu finden.

Ein Abendessen bei einem Freund ist eine großartige Methode, um auf unaufdringliche Weise faszinierende, außergewöhnliche Menschen kennenzulernen. Menschen, die wie Sie in ihrer Karriere etwas bewegen wollen, sprechen gerne über ihr Privatleben. Nehmen Sie Augenkontakt auf und schütteln Sie anderen Personen die Hand. Gehen Sie an Orte, an denen sich aufmerksame Menschen versammeln.

Gehen Sie zu spannenden Konferenzen zu Themen, die Sie begeistern oder bei denen Sie das Gefühl haben, dass sich „Ihre Art" von Enthusiasten oder Gleichgesinnten versammelt, anstatt in einen langweiligen Hörsaal zu gehen. Erinnern Sie sich, Sie sind die Summer der fünf Menschen mit denen Sie die meiste Zeit verbringen, also wählen Sie weise!

Machen Sie eine Liste all der Dinge, die Sie wollen und brauchen, um erfolgreich zu sein. Was sind die wichtigsten Aspekte für Sie? Nein, Sie möchten nicht an einem Ort arbeiten, an dem Sie ständig gedrängt werden. In einem Umfeld, in dem Sie mit einer Vielzahl von Menschen interagieren können? ... Wo man von Ihnen erwartet, dass Sie Entscheidungen treffen und die Verantwortung für Ihr Handeln übernehmen? Suchen Sie eine Stelle, bei der die Vereinbarkeit von Beruf und Privatleben im Vordergrund steht? Suchen Sie nach einem Arbeitsplatz mit klaren Richtlinien und Erwartungen? Die Antworten auf diese Art von Fragen würde ich mit meinen Eindrücken über das Unternehmen vergleichen, bevor ich eine endgültige Entscheidung über eine neue Stelle treffe. Ich würde nur dann zustimmen, an einem Projekt zu arbeiten, wenn es gut zu mir passt.

Um etwas über die Unternehmenskultur zu erfahren, gehen Sie Undercover. Um sich ein umfassendes Bild von der Kultur eines Unternehmens zu machen, müssen Sie möglicherweise außerhalb des Blogs und der sozialen Medien des Unternehmens nach weiteren Informationen suchen. Ihr Netzwerk kann Ihnen dabei helfen, ein Gefühl für die Kultur des Unternehmens zu bekommen. Fragen Sie herum, ob jemand, den Sie kennen, Verbindungen zu dem Unternehmen hat und Sie mit den entsprechenden Personen in Kontakt bringen kann. Vereinbaren Sie einen Termin, um mit ihnen zu sprechen und sich über ihre Arbeitsweise zu erkundigen. Finden Sie Mitarbeiter in beruflichen Netzwerken wie LinkedIn und schicken Sie ihnen eine kurze Nachricht mit der Frage, ob sie zu einem informellen Telefongespräch bereit wären, wenn Sie niemanden kennen, der sie vermitteln kann. Eine Antwort könnte das erste Zeichen von Offenheit und Unterstützung sein, wenn Sie nach dieser Art von Qualität suchen. Praktika im Unternehmen könnten auch eine Option für angehende Absolventen sein, die sich einen Eindruck vom Arbeitsplatz verschaffen möchten.

Sie müssen entscheiden, ob die Organisation Ihre Zeit und Mühe wert ist, nachdem Sie die Faktoren, die Sie sich von einem Unternehmen wünschen, mit den Informationen verglichen haben, die Sie durch Auskünfte, Anrufe oder Praktika erhalten haben. Ich empfehle Ihnen, diese Entscheidung zu treffen, bevor Sie Ihre Bewerbung bei diesen Unternehmen einreichen, damit Sie sich auf die relevantesten konzentrieren können. Wenn Sie zwischen mehreren Angeboten hin- und hergerissen sind und aufgrund Ihrer Einschätzung keine Entscheidung treffen können, rate ich Ihnen dringend, Ihrem Instinkt zu folgen ... Am Ende werden Sie Ihre Entscheidung nicht bereuen, wenn Sie sich die Mühe gemacht und Kontakt aufgenommen haben, um mehr über die Kultur zu erfahren. Wenn Sie sich bei einer

Entscheidung auf Ihren Instinkt verlassen, wird Ihnen das helfen, die wichtigste Entscheidung Ihres Lebens zu treffen: die, bei der Sie auf Ihr Bauchgefühl hören.

Es ist wichtig, Zeit in die Recherche von Unternehmen zu investieren. Wenn Sie glauben, dass Sie etwas erreichen, wenn Sie eine große Anzahl von Bewerbungen verschicken, verschwenden Sie Ihre Zeit und Energie. Selbst in einem schwachen Arbeitsmarkt ist es Zeitverschwendung, sich bei einem Unternehmen zu bewerben, das nicht zu Ihren Talenten, Kenntnissen und Wünschen passt. Langfristig wird es weder für Sie noch für das Unternehmen von Vorteil sein.

Informieren Sie sich über die Online-Bewertungen des Unternehmens, bei dem Sie arbeiten möchten. Bevor Sie sich für eine Stelle bewerben, sollten Sie sich die Bewertungen des Unternehmens ansehen, um ein besseres Gefühl für die Arbeitsplatzkultur, die Führung, das Einkommen und mehr zu bekommen. Schauen Sie sich die Gesamtbewertung eines Unternehmens an, wenn Sie Beurteilungen lesen. Vergleichen Sie die Bewertung des Unternehmens mit der seiner Konkurrenten und sehen Sie, ob sie besser oder schlechter ist. Lesen Sie die Bewertungen der Mitarbeiter, um sich über Löhne, Sozialleistungen und andere wichtige Informationen zu informieren. Informieren Sie sich bei den Arbeitnehmern über ihre Präferenzen und darüber, was ihrer Meinung nach getan werden könnte, um Verbesserungen zu erzielen. Sie sollten darauf achten, was über den Arbeitsplatz und andere Aspekte der Unternehmenskultur und -führung gesagt wird. Halten Sie bei der Bewertung der Profile potenzieller Arbeitgeber Ausschau nach Stellenangeboten oder Aufgaben, die für Sie vorgeschlagen wurden. Vielleicht entdecken Sie neue Möglichkeiten, die es zu erkunden gilt. Prüfen Sie, ob es negative Bewertungen gibt, die auf einen schlechten Arbeitgeber hindeuten. Seien Sie skeptisch bei dem, was Sie lesen, denn jedes Unternehmen hat unzufriedene Arbeitnehmer.

Behalten Sie das Vorstellungsgespräch als Ganzes im Auge: Wie ist der Ablauf? Ein Vorstellungsgespräch ist die beste Gelegenheit, um ein Gefühl für das Arbeitsumfeld zu bekommen und mögliche Kollegen kennenzulernen. Achten Sie darauf, wie das Unternehmen den gesamten Bewerbungsprozess durchführt. Werden Ihnen bei jedem Gespräch immer wieder die gleichen Fragen gestellt?

Wenn Sie nicht miteinander umgehen können, ist das ein deutliches Warnsignal in diesem Prozess. Es ist möglich, dass die Interviewer nur versuchen, Zeit zu gewinnen und keine klare Vorstellung davon haben, wonach sie suchen, wenn sie Sie ansprechen. Es besteht die Möglichkeit, dass die Interviewer nicht im Voraus geplant haben und somit nicht sicherstellen können, dass sie Sie nach verschiedenen Aspekten beurteilen, anstatt immer wieder die gleichen Fragen zu wiederholen. Unabhängig davon hat es den Anschein, dass das Unternehmen Ihre Aufgabe und Ihre Erwartungen nicht im Griff hat. Würden Sie sich wohlfühlen, wenn Sie an einem Arbeitsplatz arbeiten, der von Verwirrung, schlampigen Arbeitsmethoden und der mangelnden Bereitschaft, die besten Mitarbeiter einzustellen, geprägt ist? Das ist ein Schocker!

Alarmzeichen sollten nicht ignoriert werden! Unabhängig von den Bedürfnissen des Einzelnen gibt es ein paar Warnzeichen, die niemals unbeachtet bleiben sollten. Das öffentliche Image eines Unternehmens kann ein Indikator dafür sein, was hinter verschlossenen Türen toleriert wird.

Mitarbeiter werden unglücklich sein und ihre Karriere wird ins Stocken geraten, wenn sie in einem solchen Umfeld arbeiten. Halten Sie sich davon fern. Ein schlechter Ruf als Arbeitsplatz wird durch Elemente wie dysfunktionale Teams und schlechte Führung noch verschlimmert, die von Arbeitssuchenden häufig als Grund genannt werden, ein Unternehmen zu meiden. Und das aus gutem Grund. Einige Probleme, wie schlechtes Management, ein feindseliger Arbeitsplatz, eine hohe Mitarbeiterfluktuation oder ein Mangel an Harmonie zwischen Arbeit und Privatleben, lassen sich einfach nicht beheben. Die Folgen sind gravierend, wenn Sie sie ignorieren. Mit einer besseren Wirtschaft und leistungsfähigeren Arbeitssuchenden als noch vor acht Jahren wird der Ruf eines Unternehmens immer wichtiger.

## FAZIT

# BEWAHREN SIE IHRE SEELE, WÄHREND SIE WACHSEN!

Während sich Technologie, Kunden und die Gesellschaft ständig weiterentwickeln, bleibt eine Sache konstant: Unternehmen müssen sich weiterentwickeln und sich auf einen höheren Sinn besinnen, wenn sie in Zukunft erfolgreich sein wollen. Es ist wichtig, dass sie eine Seele haben und wohlüberlegt handeln. Das Bekenntnis zu den Unternehmenswerten muss von ganz oben kommen, und es muss mit dem CEO beginnen! Er muss die Grundsätze verkörpern, für die sein Unternehmen stehen soll, und diese Überzeugungen konsequent vertreten, auch wenn die Entscheidungen, die er zu treffen hat, schwierig sind. Solange die Mitarbeiter sehen können, dass die Handlungen und Entscheidungen der obersten Führungskräfte des Unternehmens mit den erklärten Prinzipien übereinstimmen, werden sie anfangen, an die Führung des Unternehmens zu glauben. Führungskräfte, die ihre Worte nicht „leben", vor allem wenn es schwierig wird oder sie ungewöhnlich viel Kraft brauchen, sind der schnellste Weg, die kulturelle Basis des Unternehmens zu untergraben. Wenn es um Werte geht, können diese nicht einfach nur auf einen

Aufkleber gestempelt oder in eine Strategie als Bemühung eingefügt werden, die nicht weiterverfolgt wird.

Lernen Sie, den Fortschritt der wertebasierten Ziele Ihres Unternehmens zu verfolgen und zu kommunizieren. Welches sind die wenigen wichtigen Messwerte, die Ihnen zeigen, ob die wertebasierten Ziele des Unternehmens erreicht oder übertroffen werden? Seien Sie dann offen und ehrlich, was die Ergebnisse dieser Messungen angeht, und teilen Sie diese dem Rest Ihres Unternehmens mit. Falls keine Fortschritte erzielt werden, fragen Sie Ihre Teams, was ihrer Meinung nach anders gemacht werden muss oder was ihrer Ansicht nach erforderlich ist, um bessere Fortschritte zu erzielen. Kunden, Investoren und Verbraucher wollen dies wissen, aber stellen Sie sicher, dass es realistisch ist!

Ziehen Sie in Erwägung, Vergütung und Leistung an die wichtigsten Werte und Kennzahlen des Unternehmens zu binden. Ermutigen Sie die Teammitglieder, in ihren einzelnen Aufgaben und auf den Entscheidungsebenen, die sie innerhalb des Unternehmens innehaben, im Einklang mit den Werten des Unternehmens zu handeln. Eine Erhöhung der Autorität und der Entscheidungsbefugnis geht oft mit einer Erhöhung der Verantwortung für die Erreichung der werteorientierten Ziele einher. Die Mitarbeiter müssen erkennen, dass die Unternehmenswerte mehr sind als nur Worte des Managements, wenn Sie die besten Mitarbeiter an Bord halten wollen.

Die Pflege einer positiven Unternehmenskultur hat zahlreiche Vorteile, darunter auch einen Wettbewerbsvorteil. Anders ausgedrückt: Wenn Sie Ihre Mitarbeiter an die erste Stelle setzen, ist die Wahrscheinlichkeit größer, dass Sie Geld verdienen. Die Mitarbeiter sind weniger gefährdet, auszubrennen und sind eher produktiv. Wenn Kunden und die Öffentlichkeit die Identität Ihres Unternehmens erkennen, können Sie sich von der Masse abheben. Treten Sie einen Schritt zurück, bevor Sie ein Bierfass neben dem Wasserspender aufstellen oder jede Woche einen Yogakurs im Hauptkonferenzraum organisieren. Die Grundlage einer starken Unternehmenskultur ist eine gründliche Bewertung der Grundüberzeugungen eines Unternehmens und die Umsetzung dieser Werte von oben nach unten durch offene Kommunikation, Inklusion und Konsistenz. Wenn es darum geht, eine positive Unternehmenskultur zu schaffen, beginnt alles mit Professionalität, Wertschätzung, Konsistenz und Vertrauen zwischen Management und Mitarbeitern.

Bei der Einstellung von Mitarbeitern ist es außerdem wichtig, dass potenzielle Mitarbeiter zur bestehenden Unternehmenskultur passen. Einige Mitarbeiter können zwar Zahlen und Gewinne erwirtschaften, aber eine schlechte Übereinstimmung mit der Unternehmenskultur kann sich schnell auf das gesamte Team und das Unternehmen auswirken. Wenn die Führungskräfte und Manager nicht diese entscheidenden Schritte unternehmen, um die Unternehmenskultur zu bewahren, kann keine noch so hohe Abfindung das Unternehmen retten. Sie sollten anderen Unternehmen nicht einfach nacheifern, sondern zeigen, dass Sie sich den einzigartigen Prinzipien Ihres Unternehmens verschrieben haben, indem Sie nach ihnen handeln. Ihr neues Fass könnte genauso gut warmes, abgestandenes Bier ausgeben, wenn Sie sich nicht ernsthaft dafür einsetzen, die Kultur Ihres Unternehmens zu verbessern ...

# REFERENZEN


Agle, B.R.R., Caldwell, C.B.B. 1999. Understanding research on values in business: A level Of analysis framework. Business and Society, 38(3), pp.326–387.

Asgary, N., Mitschow, M. 2002. Toward a Model for International Business Ethics. Journal Of Business Ethics, 36(3), pp.239–246.

ANSOFF, H. I., Corporate Structure: Present and Future (Working Paper, European Institute for Advanced Studies in Management, Brussels, 1974).

BUCHELE, R, B., Business Policy in Growing Firms (Chandler, 1967).

Collins, J.C., Porras, J.I., 1994, Built to Last: Successful Habits of Visionary Companies, Harper Collins Publishers: New York, NY, USA.

DE George, T.R. 1993. Competing with integrity in international business. New York. Oxford University Press. In Williams, S. L. 2011. Engaging values in international business practice. Business Horizons, 54(4), pp.315–324.

Donaldson, T. 1996. Values in tension: Ethics away from home. Harvard Business Review, 74(5), pp.48-62.

Forman, J., Argenti, P.A. 2005. How corporate communication influences strategy Implementation, reputation and the corporate brand: an exploratory qualitative study. Corporate Reputation Review, 8(3), pp. 245-264.

Groscurth, C. (March 6, 2014) Why Your Company Must Be Mission-Driven. Gallup.

HERZBERG, F., One More Time: How Do You Motivate Employees? Harvard Business Review (January-February 1968: 53-62).

IVANCEVICH, J. M., and DONNELLY, J. H., JR.. Relation of Organizational Structure To job Satisfaction, Anxiety-Stress, and Performance, Administrative Science Quarterly (1975: 272-280).

Kaptein, M. 2004. Business Codes of Multinational Firms: What Do They Say? Journal of Business Ethics, 50(1), pp.13–31.

Lencioni, P.M. 2002. Make your values mean something. Your corporate values statement May be doing more harm than good. Here's how to fix it. Harvard Business Review, 80(7), p.113.

Lipton, M., 1996, Demystifying the Development of an Organizational Vision, Sloan Management Review, 37(4), 83-92.

Mackay, H. 2017. Harvey Mackay: Values add value. Daily Herald. 3 May. Available: http://www.heraldextra.com/business/harvey-mackay-values-add-value/article_86023aba-4875-53ca-85e9-f5c364dfcf1a.html. Viewed 16 May 2017.

Malbašić, I., Brčić, R. 2012. Organizational values in managerial communication. Management: journal of contemporary management issues, 17(2), pp.99–118.

Michailova, S., Minbaeva, D. B. 2012. Organizational values and knowledge sharing in Multinational corporations: The Danisco case. (Report). International Business Review, 21(1), p.59.

Mumford, M.D., Helton, W.B., Decker, B.P., Shane Connelly, M., VanDoorn, J. 2003. Values and Beliefs Related to Ethical Decisions. Teaching Business Ethics, 7(2), 139-170. Doi:10.1023/A:1022624222048.

Nahapiet, J., Ghoshal, S. 1998. Social capital, intellectual capital, and the organizational Advantage. Academy Of Management Review, 23(2), pp.242–266.

Paine, Lynn Sharp. "Managing for Organizational Integrity." Harvard Business Review, 1 March 1994, 106.

Stack, Jack, and Bo Burlingham. The Great Game of Business. Currency/Double Day, October 1994.

STEWART, R., The Reality of Management (Heinemann, 1963). The Reality of Organizations (Macmillan of London, 1970).

WILENSKY, H. L., Organizational Intelligence (Basic Books, 1967).

WORTHY, J. C, Organizational Structure and Employee Morale, American Socio-Logical Review (1950: 169-179).

# AUTOREN-BIO

Kurt Friedrich Gassner ist ein österreichischer Autor, der seine Leser dazu befähigt, die Feinheiten des Unterbewusstseins besser zu beherrschen. Durch seine Erfahrungen und sein umfangreiches Wissen über die neuesten Entwicklungen in der Psychologie hilft er Menschen, ihr volles Potenzial auszuschöpfen. Was damit begann, dass er im Alter von 14 Jahren für Gleichaltrige im Austausch für Zeichnungen schrieb und später als professioneller Werbetexter arbeitete, führte schließlich dazu, dass er Kreativdirektor mehrerer internationaler Agenturen und Autor mehrerer Selbsthilfebücher wurde.

Das Schreiben ist jedoch nicht die einzige Leidenschaft dieses Unternehmergeistes. Kurt ist auch Seriengründer (My Mind Guide und Trendguide Capital, um nur einige zu nennen) und Business Angel und verfügt über vier Jahrzehnte Erfahrung in den Bereichen globale Werbung und Markenberatung. Infolgedessen hat er zahlreiche Auszeichnungen in den Bereichen kreative Regie, Direktmarketing und Training erhalten und wurde zum Selfmade-Millionär. Während des globalen Lockdowns nutzte er seine freie Zeit, um sich in Hypnotherapie zu vertiefen, und ist jetzt ein lizenzierter Hypnotherapeut, Yogalehrer und Meditationslehrer.

Wenn er nicht gerade seine Geschäfte führt, Führungskräfte berät oder über das Unterbewusstsein schreibt, finden Sie diesen Globetrotter auf Weltreisen, beim Golfen, Radfahren in den Alpen, in der Oper oder beim Wandern. Er ist außerdem stolzer Vater zweier erfolgreicher Kinder und seit 37 Jahren glücklich mit seiner wunderbaren Ehefrau verheiratet. Derzeit lebt er in München, Deutschland und Kirchberg, Österreich.

In seinem Leben mit unzähligen Höhen und Tiefen hat Kurt Friedrich Gassner unnachgiebig nach dem folgenden Motto gelebt: „Niemals aufhören! Das Beste kommt noch ...". Und dank seiner unerschütterlichen Entschlossenheit und Beharrlichkeit hat er ein Leben in persönlichem Wohlstand geführt und dabei unzählige unschätzbare Lektionen gelernt. Für ihn ist ein Leben, in dem er sein erworbenes Wissen nicht mit anderen teilt, kein erfülltes Leben. Deshalb schreibt er Bücher, um etwas zurückzugeben und die Welt zu einem besseren Ort zu machen, als sie es zu dem Zeitpunkt war, als er sie betrat. Einige seiner Veröffentlichungen sind The Power of Forgiveness, Lie or Die, Soul-Match, Can You Inherit a Poisoned Mind? und The Power of Poverty. Im Alter von 30 Jahren schrieb er ein Bestseller-Kinderbuch, das sich über eine Million Mal verkaufte und in Kindergärten im deutschsprachigen Raum eingesetzt wurde. Mehr als ein Dutzend weiterer Bücher zum Thema Psychologie sind derzeit in Arbeit. Besuchen Sie Kurts offizielle Website, um Ihre innere Kraft zu entfesseln, und für Ihr größeres Wohl zu nutzen: gassner@my-mindguide.com

# KONTAKTIEREN SIE UNS …

Wenn Ihnen dieses Buch gefallen hat und Sie gerne mehr über andere Themen lesen möchten, die mein Leben verändert haben, sehen Sie sich bitte meine neuen Bücher bei Amazon oder auf meiner Website an: **www.my-mindguide.com**. Lassen Sie uns auch über die sozialen Medien in Verbindung bleiben. Bitte schreiben Sie mir auf Facebook oder Instagram und bleiben Sie auf dem Laufenden! Sie können mir auch gerne direkt Ihre Gedanken mitteilen: gassner@my-mindguide.com. Im Gegenzug schicke ich Ihnen eine wunderschöne Infografik, die Sie ausschneiden und einrahmen können. Bitte hinterlassen Sie eine Rezension auf Amazon, denn das hilft mir, ein noch größeres Publikum zu erreichen. Vielen Dank für Ihre Zeit, Ihren Einblick und Ihren unermüdlichen Wissensdurst!

Ich möchte mich bei all meinen Kollegen, Kunden, Freunden und Familienmitgliedern bedanken, die mich zu dem gemacht haben, was ich heute bin. Ich möchte mich auch bei Gabriel Palacios bedanken, dem König der Hypnotherapie und Schweizer Bestsellerautor, der diesem alten Fuchs neue Tricks beibrachte und mich tief in das Geheimnis der Hypnotherapie eintauchen ließ. Ich habe auf dieser Reise so viel gelernt, dass ich jetzt selbst ein zertifizierter Master-Hypnose-Coach und Gesprächscoach bin! Außerdem möchte ich mich bei den fantastischen Lehrern von SAMYANA/Bali bedanken, die mich zu einem zertifizierten Yoga- und Meditationslehrer ausgebildet haben.

Nicht zuletzt gilt mein besonderer Dank meinem Meisterlehrer Eckhard Wunderle, der für mich fast wie ein Heiliger ist. Er hat mich in die Welt der Meditation eingeführt und mich all die Wunder entdecken lassen, die sie zu bieten hat. Ich könnte nicht stolzer sein, dass ich meine Zertifizierung als Meditationslehrer direkt von ihm am Institut für Spirituelle Psychologie erhalten habe.

**Frieden, Liebe und Glück für Sie alle - bis zum nächsten Mal!**

# WEITERE BÜCHER DES AUTORS

# WEITERE BÜCHER DES AUTORS

# WEITERE BÜCHER DES AUTORS

# WEITERE BÜCHER DES AUTORS

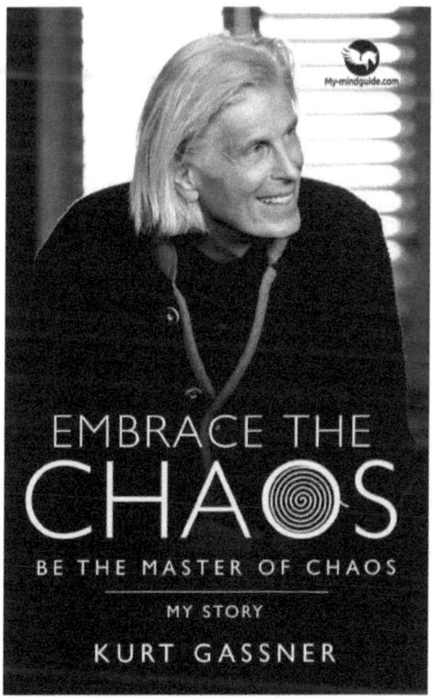

# WEITERE BÜCHER DES AUTORS

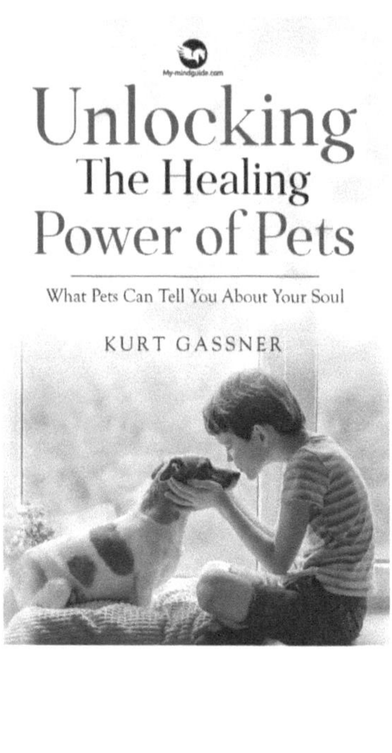

# WEITERE BÜCHER DES AUTORS

# WEITERE BÜCHER DES AUTORS

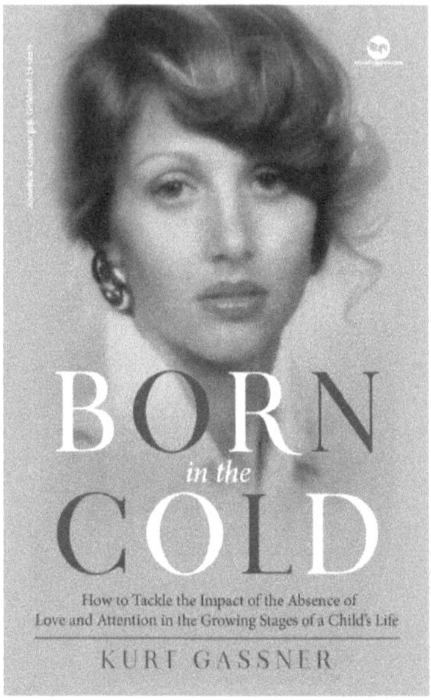

BESTSELLING AUTHOR OF
The Art Of
FORGIVNESS
AMAZON
#1
BESTSELLER
My-mindguide.com
A practical guide for
self healing and
overcome past traumas
The Art Of
FORGIVNESS
KURT GASSNER
The Art Of
FORGIVNESS
KURT GASSNER